水生动物疫病释义

全国水产技术推广总站 ◎ 编

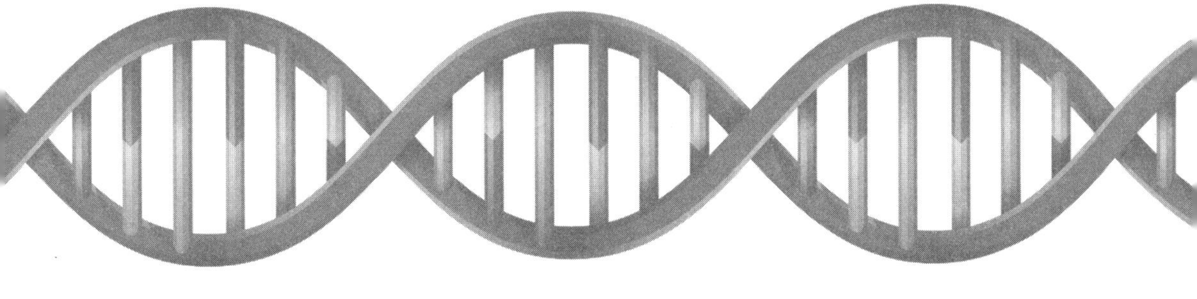

中国农业出版社
北 京

编写委员会名单

主　　任　崔利锋

副 主 任　李　清

主　　编　冯东岳　余卫忠

副 主 编　蔡晨旭　张　翔　王静波

参编人员（按姓名笔画排序）

王　庆　王英英　王桂堂　方　苹　尹纪元
白昌明　吕晓楠　任　燕　刘　荭　刘　爽
李　阳　杨　冰　邱　亮　张　文　张庆利
张德锋　周　勇　周　密　姚　亮　秦启伟
莫绪兵　倪伟锋　徐立蒲　黄　倢　梁　艳
鲁义善　曾令兵　裴　育　樊海平　潘厚军

前言

2022年6月23日，农业农村部以第573号公告修订公布了《一、二、三类动物疫病病种名录》（以下简称《名录》）。修订前后的名录中水生动物疫病病种均为36种，但依据水生动物疫病发生、流行情况和危害程度，对病种进行了调整。原名录中一类水生动物疫病2种、二类水生动物疫病17种、三类水生动物疫病17种，新名录中水生动物无一类疫病、二类水生动物疫病14种、三类水生动物疫病22种。为使全国水产技术人员、行政执法人员、行政管理人员，以及养殖、收购、运输、加工、仓储、销售水生动物及其产品的从业人员更好地了解、学习和掌握《名录》疫病的基本定义、病原特性、流行规律和防控技术等，我们组织业内专家学者，编写了《水生动物疫病释义》（以下简称《释义》）。《释义》编写遵循"科学性、权威性、政策性、通俗性和实用性"原则。《释义》重在"解释"，从理论答疑，到实践解惑，让读者知晓《名录》中各疫病的基本定义、流行规律、临床特点和病理特征，了解诊断防控的基本原则和正确方法。《释义》反映现代科技前沿但不触探深奥理论，明晰现行法律规范但不承载法律效力，与一般教科书和国家防控法律规范既相互衔接、有机统一，又相得益彰、自成体系，是科研进展与行政管理密切结合，统筹兼顾专业人员和普通读者的一部著作。江苏省渔业技术推广中心、北京市水产技术推广站、中国科学院水生生物研究所、中国水产科学研究院黄海水产研究所、中国水产科学研究院长江水产研究所、中国水产科学研究院珠江水产研究所、福建省淡水水产研究所、广东海洋大学、华南农业大学、深圳海关共10家单位派专家参与《释义》的编写或审校，在此一并表示感谢！

由于时间所限，书中如有错漏之处，敬请广大读者指正。

编　者

2023年5月

目录

前言

二类动物疫病

■鱼类病（11 种） …… 3
鲤春病毒血症 …… 5
草鱼出血病 …… 9
传染性脾肾坏死病 …… 12
锦鲤疱疹病毒病 …… 15
刺激隐核虫病 …… 18
淡水鱼细菌性败血症 …… 23
病毒性神经坏死病 …… 27
传染性造血器官坏死病 …… 32
流行性溃疡综合征 …… 36
鲫造血器官坏死病 …… 39
鲤浮肿病 …… 41
■甲壳类病（3 种） …… 45
白斑综合征 …… 47
十足目虹彩病毒病 …… 52
虾肝肠胞虫病 …… 56

三类动物疫病

■鱼类病（11 种） …… 63
真鲷虹彩病毒病 …… 65
传染性胰脏坏死病 …… 69
牙鲆弹状病毒病 …… 73
鱼爱德华氏菌病 …… 76
链球菌病 …… 80

细菌性肾病 …… 84
杀鲑气单胞菌病 …… 87
小瓜虫病 …… 90
黏孢子虫病 …… 92
三代虫病 …… 95
指环虫病 …… 97
■甲壳类病（5种） …… 99
黄头病 …… 101
桃拉综合征 …… 105
传染性皮下和造血组织坏死病 …… 110
急性肝胰腺坏死病 …… 113
河蟹螺原体病 …… 117
■贝类病（3种） …… 121
鲍疱疹病毒病 …… 123
奥尔森派琴虫病 …… 127
牡蛎疱疹病毒病 …… 131
■两栖与爬行类病（3种） …… 135
两栖类蛙虹彩病毒病 …… 137
鳖腮腺炎病 …… 140
蛙脑膜炎败血症 …… 143

二类动物疫病

鱼类病（11种）

鲤春病毒血症

（Spring viraemia of carp，SVC）

鲤春病毒血症曾称鲤鳔血症、急性传染性腹水、鲤传染性腹水症、春季病毒病等，是由鲤春病毒血症病毒引起的鲤科鱼类的一种急性、出血性病毒传染病。该病通常在春季暴发，并引起幼鱼和成鱼死亡。临床上以全身出血及腹水、发病急、死亡率高为特征。世界动物卫生组织（WOAH）将其列入疫病名录。

1　病原学

病原为鲤春病毒血症病毒（Spring viraemia of carp virus，SVCV），又称鲤春病毒（Carp sprivivirus），属于弹状病毒科、春病毒属，只有一个血清型。根据毒株部分糖蛋白基因序列和系统进化树分析，将 SVCV 分为 1a、1b、1c 和 1d 4 个基因亚型。

SVCV 粒子呈子弹状，一端为圆弧形，另一端较平坦，长 90～180nm，宽 60～90nm；病毒内核衣壳直径 50nm，呈螺旋对称。SVCV 在 CsCl 中的浮密度为 1.195～1.200g/mL。

病毒基因组为不分节段的单股负链 RNA，线状，长 11 019 个核苷酸，主要包含 5 个开放阅读框（ORF），分别编码核蛋白（N）、磷蛋白（P）、基质蛋白（M）、糖蛋白（G）和 RNA 聚合酶（L），排列次序为 3′N-P-M-G-L-5′。糖蛋白是病毒的主要抗原。

在外界环境中，病毒可在 10℃河水中存活 5 周，在 4℃和 10℃池泥中分别存活 6 周以上和 4 周。在低温下病毒非常稳定，－20℃下保藏 1 个月，或－30℃或－74℃下保藏 6 个月毒力不减。60℃ 30min，pH 12 下 10min 或 pH 3 下 3h 可将病毒灭活。

各种氧化剂、十二烷基硫酸钠、非离子去污剂和脂溶剂均可有效杀死 SVCV。可有效杀死 SVCV 的消毒剂及其作用时间还有：2%氢氧化钠 10min，氯（540mg/L）20min，200～250mg/kg 碘复合物 30min，100mg/kg 苯扎氯胺 20min，100mg/kg 葡萄糖酸氯己定 20min 和 200mg/kg 甲酚 20min。

2　流行病学

SVC 最早流行于东欧和中欧，后扩散蔓延到欧洲大部分地区，严重危害欧洲水产养殖业。目前在奥地利、塞尔维亚、保加利亚、克罗地亚、捷克、法国、德国、英国、匈牙利、意大利、以色列、波兰、罗马尼亚、斯洛伐克、西班牙以及俄罗斯等30多个国家发病和流行。随着水产品贸易和鱼类引种，该病已传播到美洲，中国也已分离到SVCV。

SVCV感染谱广泛，可感染鲤、锦鲤、鳙、草鱼、鲢、鲫、丁鲹和欧鲇等鲤科鱼类，尤以鲤和锦鲤最易感，可引起鲤和锦鲤大批发病和死亡。各个年龄段的鱼均可患病，但年龄越小越易感。SVCV感染后的潜伏期与水温及鱼体本身状况有关。水温越适宜、鱼体健康状况越差，越容易感染。可通过吸血寄生虫（鲺、尺蠖、鱼蛭）、水鸟和病鱼进行水平传播。

该病于春季水温8～20℃，尤其13～15℃时流行，水温超过22℃时不发病。

传染源为病鱼、死鱼和病毒携带鱼。外伤是重要的传播因素，SVCV主要经水传播，也可能垂直传播。病鱼和无症状的带毒鱼能够经粪、体液排出病毒，其精液和鱼卵中也会带有病毒。病毒能在被感染的鲤血液中存活11周，在水温10～15℃时潜伏期约为20d。SVCV能由某些水生吸血寄生虫（鲺、尺蠖、鱼蛭）机械传播。

3　临床症状

感染SVCV的鱼类常常聚集在池塘的进水口，呼吸困难、活力下降，并伴有死亡，这是SVC暴发的早期信号。病鱼对外界刺激反应迟钝、游动速度逐步下降，发病后期几乎停止游动、身体失去平衡。有些死于池底，有些在池塘边缘无方向性游动或无意识漂游。

病鱼体色发黑，眼球突出，腹部膨大，肛门红肿，体表（皮肤、鳍条、口腔）和鳃充血，眼部可能出现出血症状，肛门发炎、水肿、突出。有时可见骨骼肌震颤，将其捞出水时，可见腹水从肛门中自动流出。

4　病理变化

病鱼以全身出血、水肿及腹水为主要特征。腹腔内积有带血的腹水，消化道出血，心、肾、鳔可见多个出血性病灶，尤以鳔内壁出血最常见。肌肉发生出血及炎症，脾脏肿大，心脏、肝脏、肾脏、肠道、腹膜、骨骼肌可见多处淤血。

SVCV感染鲤幼鱼后的组织病理学研究发现，感染鱼的肝脏的血管周边的淋巴细胞和组织细胞出现水肿、血管壁完全坏死，肝脏实质组织显示多个病灶坏死及充血；胰脏中通常可以观察到炎症和多个坏死病灶；在腹膜的腔壁和内脏浆膜中，有明显的炎症；淋巴管极度扩大，肿胀；肠血管周边出现炎症、上皮脱落、绒毛肥大；脾脏可见充血、内膜网状组织明显增多；肾小管堵塞，出现空泡和透明化；鳔的上皮脱离，黏膜下层管壁加宽，出血明显；心包膜出现多处炎症。

5 诊断

5.1 初步诊断

根据病鱼外表特征与临床症状作出初步诊断。春季水温低于 20℃时，养殖鲤易出现典型的 SVC 症状。有时鱼类大规模死亡时并无明显外表症状，需通过解剖观察内部器官，肠炎、腹膜炎、水肿，特别是鳔、肌肉和其他器官点状出血等均为该病的典型病征，还可通过组织病理切片观察作出诊断。

5.2 样品采集

幼鱼宜采集肾和脑，较大鱼采集肝、肾、脾和脑组织为佳。

5.3 实验室诊断

可用鲤上皮乳头瘤细胞（EPC）、草鱼卵巢细胞（CO）或胖头鲹肌肉细胞（FHM）培养分离病毒，然后采用套式反转录聚合酶链式反应（套式 RT-PCR）进行鉴定。上述方法可用于发病鱼或无症状染疫鱼检测。

也可采用免疫荧光技术（IFT）、酶联免疫法（ELISA）或聚合酶链式反应（PCR）等方法直接检测病料中的病原，但确诊需通过培养法分离病毒，以防假阳性。

5.4 鉴别诊断

在自然情况下，SVCV 通常与细菌性病原并发感染或者继发感染。单独 SVCV 感染通常无体表开放性病灶，如病鱼体出现明显的开放性病灶，表明有细菌混合感染。

6 防控

6.1 预防

对苗种场、良种场实施防疫条件审核、苗种生产许可管理制度，加强疫病监测与检疫、掌握流行病学情况。

可通过引入检疫合格苗种和抗病品种，对水源、养殖设施、引进苗种和投喂饲料进行严格消毒，控制养殖密度，保持水质优良稳定和溶解氧充足，拌饵投喂免疫增强剂等措施降低感染率。确认感染后应当立即对患病群体进行隔离、扑杀和无害化处理，并对养殖设施、工具和场地进行彻底消毒。养殖前使用含氯石灰消毒池塘，将水温提高至 20℃以上可预防该病。

6.2 处理

病鱼经确诊后，采取隔离、扑杀、销毁、消毒、无害化处理、限制易感染的动物和动物产品及有关物品出入等措施。

6.3 划区管理

根据水域和流域的自然隔离情况划区，并实施划区管理。

草鱼出血病

(Grass carp heamorrhagic diease，GCHD)

草鱼出血病是由草鱼呼肠孤病毒引起、以鱼体多部位充血和出血为主要临床症状的一种急性传染病，主要感染草鱼和青鱼，具有流行范围广、致死率高的特点。

1 病原学

草鱼呼肠孤病毒（Grass carp reovirus，GCRV），隶属呼肠孤病毒科、刺突病毒亚科、水生呼肠孤病毒属。病毒粒子呈正二十面体对称球形颗粒状，无囊膜，具有双层衣壳，直径为 60～80nm，基因组由 11 条分节段的双链 RNA 组成。根据不同毒株的基因组带型和序列差异可以将 GCRV 分为三种基因型，目前在我国能够引起草鱼出血病、造成重大经济损失的流行毒株以基因 2 型为主。自然条件下感染发病，鳃是 GCRV 入侵的主要靶器官。头肾中病毒载量最高，病毒感染可导致鱼体各组织器官有不同程度的出血。

2 流行病学

自然情况下，GCRV 可感染养殖草鱼和青鱼，尤其是草鱼苗种和当年龄的小草鱼，有时 2 龄以上的大草鱼也感染，多呈亚临床症状或症状不明显，但可携带病毒而成为传染源。在实验室条件下通过人工感染的方式，GCRV 还可感染鲢、鳙、鲫、鲤等淡水鱼类以及小型水生实验动物稀有鮈鲫。

水温在 20～30℃时易发病，25～28℃时为流行高峰；当水质恶化、水温变化大、鱼体抵抗力低下、病毒载量高及毒力强时，水温 20℃以下及 30℃以上也会发病。传染源是已经患病的或带毒的草鱼，主要传播途径是水平传播，也可能通过卵进行垂直传播。

3 临床症状

病鱼主要表现为离群独游，反应迟钝，食欲减退，体表发黑、眼球突出。临床症状大致可分为 3 个类型，有时 3 个类型同时表现。①红肌肉型，肌肉明显充血或出血，全身肌肉呈鲜红色，鳃丝苍白，多见于 5～10cm 的小草鱼鱼种；②红鳍红鳃盖型，鳍基、鳃盖严重充血或出血，头顶、口腔、眼眶等处有出血点，多见于10cm以上的较大草鱼鱼种；③肠炎型，肠道严重充血，肠道全部或局部呈鲜红色，内脏点状出血，体表亦可见到出血点，在各种规格的草鱼鱼种中均可见到。感染后死亡率一般为30%～50%，最高可达70%～80%。若继发细菌感染，死亡率可能还会升高。

4　病理变化

鱼体感染GCRV后，各组织均出现不同程度的病变，肝、脾、肾、肠道等病变较为明显，主要表现为血管扩张、充血、细胞变性和局灶性坏死等。

5　诊断

5.1　初步诊断

依据流行病学特征和临床症状可进行初步诊断，当水温在20～30℃尤其是25～28℃时，草鱼、青鱼鱼苗大量死亡，而同塘其他品种鱼无此现象，病鱼出现红鳍、红鳃盖、肠炎、肌肉出血等症状中的一种或多种，应作为草鱼出血病疑似病例。

5.2　样品采集

优先采集具有临床症状的鱼，病原分离和鉴定宜采集病鱼肝、脾、肾等样品。

5.3　实验室诊断

用草鱼源细胞对疑似病样进行病毒分离，再采用ELISA或PCR鉴定，或将细胞纯培养物提取核酸后电泳检测是否存在11条核酸条带，或直接取病鱼组织提取核酸后用PCR方法检测。

由于目前流行毒株主要为基因2型GCRV，该基因型在已有草鱼源细胞中不能产生明显细胞病变，可采用水产行业标准《草鱼出血病监测技术规范》（SC/T 7023—2021）中推荐的套式PCR进行组织样品或者细胞培养物检测。

5.4　鉴别诊断

本病应与草鱼细菌性肠炎或其他细菌性疾病加以区别，这是由于细菌引起的继发感染或细菌与病毒混合感染会导致相似的临床症状，甚至细菌感染症状掩盖病毒症状。细菌性肠炎常引起溃疡及肠道出血，肠壁失去弹性且多黏液，但不会出现点状出血。

6 防控

6.1 预防

苗种选择。对引进苗种进行病原检测，确保苗种不携带病原；对草鱼苗种场、良种场实施防疫条件审核、苗种生产许可管理制度。也可以通过培育或引进抗病品种，提高苗种抗病能力。

免疫预防。草鱼出血病最有效的控制措施是疫苗免疫。所选择的疫苗株应与本地流行株基因型一致，以免影响疫苗效果。

养殖管理。对水源、养殖设施、引进苗种和投喂饲料进行严格消毒，控制养殖密度，保持水质优良稳定和溶解氧充足，同时加强养殖过程中的疫病监测，掌握疫病流行情况。

6.2 处理

病鱼经确诊后，采取隔离、扑杀、销毁、消毒、无害化处理、限制易感染的动物和动物产品及有关物品出入等措施。

6.3 划区管理

根据水域和流域的自然隔离情况划区，并实施划区管理。

传染性脾肾坏死病

(Infectious spleen and kidney necrosis，ISKN)

传染性脾肾坏死病俗称鳜暴发性传染病，是以脾、肾坏死为主要病理特征的一种病毒性疾病。该病在海水和淡水养殖鱼类中流行广泛，可以感染50多种海、淡水养殖鱼类，对鳜造成的死亡率接近100%。

1 病原学

传染性脾肾坏死病的病原为传染性脾肾坏死病毒（Infection spleen and kidney necrosis virus，ISKNV)，ISKNV是虹彩病毒科肿大细胞病毒属的成员，是一种双链DNA病毒，其成熟病毒粒子呈现规则的二十面体结构，有囊膜，直径约为150nm，透射电镜观察下其横截面呈规则的六边形。

2 流行病学

ISKNV宿主非常广泛：海水鱼类中已有6目、19科、52种鱼类被检出感染该病毒，平均感染率为14.6%，斜带石斑鱼、青斑鱼、大黄鱼、美国红鱼等种类易感；淡水鱼类中已有鳜、草鱼、乌鳢、尼罗罗非鱼、大口黑鲈等被检出感染该病毒。养殖水体温度在25～34℃时，感染ISKNV的鳜发病死亡率达90%以上，发病至死亡平均时间为17d；28～30℃是健康养殖鳜发病的最适温度；在20℃时，养殖鳜则不发生ISKN。

3 临床症状

患ISKN的鱼主要表现为活动能力下降，食欲降低，呼吸节奏加快。病鱼的体表发黑，且体表的多个部位都有出血和充血的现象，具体表现为头部有出血点，下颌部和眼部充血，鳃盖充血发红，胸鳍、腹鳍和尾鳍的鳍条基部有出血现象。将病鱼解剖后，可以发现病鱼鳃部黏液分泌量增大，且鳃丝因为贫血而发白；脾、肾肿大，呈紫黑色；肝肿大，贫血，呈灰黄色，并伴有出血点；有腹水，肠道里有黄色的黏稠液体。

4 病理变化

组织切片显示，被ISKNV感染的病鱼脾、肾细胞病变非常严重，其脾和肾组织的细胞会出现肿大变形和坏死的现象，其中脾组织细胞肿大最为严重，细胞直径为健康脾组织细胞的3～4倍，且细胞核出现萎缩的现象，直径大小为正常细胞核的1/3。电镜下观察显示，脾、肾细胞中的细胞质内有大量病毒粒子。

5 诊断

5.1 初步诊断

依据流行病学特征和临床症状可进行初步诊断，确诊还需要进一步结合实验室检测技术。

5.2 样品采集

优先采集具有临床症状的鱼，病原分离和鉴定宜采集病鱼脾、肾等样品。

5.3 实验室诊断

5.3.1 显微镜观察

显微镜观察是当前进行肿大细胞病毒属虹彩病毒诊断的重要方法之一。显微镜观察既可采用光学显微镜，也可采用电子显微镜。目前光学显微镜检测方法主要是将病鱼的脾脏、肾脏等病变器官制作成病理切片，然后在光学显微镜下观察其有无特征性病变，即有无嗜碱性肿大细胞，从而进行诊断。

通过制作超薄切片可在电子显微镜下观察病毒粒子的大小和形态特征，但是相比光学显微镜，电子显微镜检测难度大，不适于在生产上应用。

5.3.2 细胞培养分离

细胞培养分离技术是病毒病诊断较准确的方法，也是WOAH推荐的首选方法。虽然已有众多学者对该属病毒感染细胞的相关机制进行了试验研究，但关于敏感细胞系的报道较少，目前已经报道的敏感细胞系包括鳜仔鱼细胞系（MFF-2）和鳜脑组织细胞系（CPB）。

5.3.3 分子检测方法

传染性脾肾坏死病发病症状与许多疾病症状相似，发病早期难以鉴别，因此对病原进行检测是该病诊断的重要手段之一。PCR和实时荧光定量PCR检测成为 ISKNV 检测最常用的方法。此外，环介导等温扩增技术（LAMP）、超分支滚环扩增法（HRCA）也被用于 ISKNV 的检测。

5.3.4 免疫学检测

ELISA、间接免疫荧光（IFA）和蛋白质印迹（Western blot）技术目前也广泛用于 ISKNV 的免疫学检测。

5.4 鉴别诊断

本病临床症状表现为内脏有充血、出血点，有腹水，肠道有黄色黏稠物等，应与细菌性肠炎或其他细菌性疾病加以区别；如果还有体表出血、内脏糜烂等症状，应为细菌引起的继发感染或细菌与病毒混合感染。

6 防控

6.1 预防

强化亲本选育。挑选健康、抗病成鱼培育后备亲鱼，繁殖前对亲鱼进行 ISKNV 检测，淘汰携带病毒的亲本。对受精卵和孵化水体进行消毒，切断病毒传播。

做好清塘消毒。有条件的池塘在养殖间歇期进行干塘、晒塘，并清除池底淤泥，使淤泥厚度不超过 30cm。

强化苗种产地检疫。对购进苗种进行 ISKNV 检测，避免苗种带毒。

适时接种疫苗。苗种下塘前接种鳜传染性脾肾坏死病灭活疫苗，提高苗种抗病能力。

强化养殖过程中的生物安保。养殖过程中防止水鸟、水禽、蛙等将病毒引入。出现死鱼及时捞出，分析死亡原因，并定期采样检测鱼体 ISKNV 携带情况。定期采用水质改良剂改善池塘水体环境，合理使用增氧机，保持水中有充足的溶解氧。投喂不携带病毒的适口饵料鱼或营养均衡的配合饲料，疾病流行季节在饲料中添加保肝护肝、调节免疫功能的保健产品。

6.2 处理

病鱼经确诊后，采取隔离、扑杀、销毁、消毒、无害化处理、限制易感染的动物和动物产品及有关物品出入等措施。

6.3 划区管理

根据水域和流域的自然隔离情况划区，并实施划区管理。

锦鲤疱疹病毒病

(Koi herpesvirus disease，KHVD)

锦鲤疱疹病毒病是鲤疱疹病毒引起的鲤和锦鲤的一种急性、接触性传染病。

1 病原学

病原为鲤疱疹病毒3型（Cyprinid herpesvirus 3，CyHV-3），又名锦鲤疱疹病毒（KHV），属疱疹病毒目、异样疱疹病毒科、鲤疱疹病毒属。

鲤疱疹病毒属分鲤疱疹病毒1型、2型和3型，其中鲤疱疹病毒1型（CyHV-1）又称鲤痘疮病毒、鲤疱疹病毒2型（CyHV-2）又称金鱼造血器官坏死病毒。KHV和CyHV-1存在抗原交叉反应。

KHV为球状病毒，成熟病毒颗粒有囊膜，直径为170～230nm；核衣壳为二十面体对称，直径100～110nm；由31种病毒多肽组成。KHV基因组为双链DNA，大小约为277kb。

2 流行病学

本病自1997年在德国首次暴发后，迅速在全球蔓延，目前已有26个国家报道过锦鲤疱疹病毒病，遍布欧洲、北美洲、亚洲（中国、日本、韩国、新加坡、马来西亚、印度尼西亚、泰国）、非洲（南非），并在部分国家造成危害。1998年5月，该病在以色列首次发生，随后18个月内连续发生3次，使以色列鲤和锦鲤养殖业遭受毁灭性打击。2002年4月，印度尼西亚养殖锦鲤和鲤暴发该病，损失500万美元。2003年10月，日本10余个县暴发该病，造成近千吨的鲤和锦鲤死亡。KHV的严重危害引起WOAH和联合国粮食及农业组织（FAO）的高度关注。

KHV仅仅感染锦鲤、鲤和剃刀鱼（*Solenostomus paradoxus*）。其鱼苗、幼鱼、成鱼均可感染。KHV发病最适温度是23～28℃（低于18℃或高于30℃时发病不会引起死亡）。已感染KHV的鱼，水温在18～30℃持续时间越长，疾病暴发的可能性越大。该病多发于春、秋季，潜伏期14d，鱼发病并出现症状24h后开始死亡，2～4d内死亡率可达80%～100%。

KHVD暴发后幸存的鱼成为疾病的传播者，可将病毒传染给其他健康的鱼。KHV 主要通过水平传播，能否垂直传播目前尚未确定。

3 临床症状

病鱼停止游泳，呼吸困难，食欲减退，眼球凹陷，皮肤上出现苍白的斑块与水泡，类似寄生虫和细菌感染，鳃出血并有大量黏液或大小不等的白色斑块状组织坏死；鳞片有血丝，体表分泌大量黏液，出血或充血，尤以鳍条基部为甚，肛门红肿；解剖后可见病鱼脾、肾肿大，肝易碎。

4 病理变化

鱼体感染 KHV 后，各组织出现血管扩张、充血、细胞变性和局灶性坏死等。与健康鱼鳃相比，病鱼鳃丝血管扩张充血，鳃小片呼吸上皮细胞肿胀、脱落。鳃丝基部的上皮细胞大量增生，层次增多，填充了 1/3～1/2 的鳃小片，并且向远端延伸。与健康鱼肾相比，病鱼肾小管上皮细胞结构紊乱，细胞肿胀，呈颗粒变性，管腔变狭小，有崩裂和坏死现象，病变周围间隙组织血管扩张充血，有大量炎性细胞渗出。

5 诊断

5.1 初步诊断

水温 18～30℃时（尤其是 25～28℃时）发生养殖锦鲤和鲤大量不同个体同时死亡，而同池养殖的其他鱼不发病；从患病到出现死亡后 24～48h，死亡率高达 80％～100％。不论是否观察到类似细菌感染或寄生虫病，都应当高度怀疑为 KHV 感染。

5.2 样品采集

采集病鱼肾、脾和鳃。

5.3 实验室诊断

目前有效的检测和诊断手段主要有：细胞分离法（MACS）、PCR、IFT、ELISA 等。可以用锦鲤鳍条细胞系（KF）培养 KHV，其培养适宜温度为 15～25℃，最适培养温度为 20℃。KHV 虽可引起 KF 细胞病变（CPE），但灵敏度很低，不适宜作为病毒检测指标。对具临床症状的病鱼，用 PCR、ELISA 或电镜观察病毒等方法中的一种检测 KHV，其结果为阳性即可确诊；

若是无临床症状的鱼，则需用 PCR、ELISA 或电镜观察病毒等方法中的两种方法，其结果都为阳性才能确诊，如果其中之一为阳性，被视为可疑。

5.4 鉴别诊断

应与普通细菌感染和寄生虫侵袭相区别。

6 防控

6.1 预防

对苗种场、良种场实施防疫条件审核、苗种生产许可管理制度，同时加强疫病监测，掌握流行病学情况。也可以通过培育或引进抗病品种，提高苗种抗病能力。采取加强饲养管理等综合措施，对水源、繁殖用的鱼卵和亲鱼、引进的鱼苗及相应设施等进行严格消毒，可控制传染源，减少病毒感染的概率。

6.2 处理

病鱼经确诊后，采取隔离、扑杀、销毁、消毒、无害化处理、限制易感染的动物和动物产品及有关物品出入等措施。

6.3 划区管理

根据水域和流域的自然隔离情况划区，并实施划区管理。

刺激隐核虫病

(Cryptocaryoniasis)

刺激隐核虫病又称海水小瓜虫病或海水白点病，是由刺激隐核虫大量寄生于海水硬骨鱼类体表并导致宿主死亡的一种致死性纤毛虫类寄生虫病，以病鱼皮肤、鳃和鳍出现大量小白点为主要特征。

1 病原学

病原为刺激隐核虫（*Cryptocaryon irritans*），隶属于前口纲、前管目、隐核虫科、隐核虫属。

生活史：刺激隐核虫生活史不需要中间宿主，属于非变态发育，整个生活史经历 4 个虫体发育阶段，分别为滋养体（trophonts）、包囊前体（protomonts）、包囊（tomonts）和幼虫（theronts），24～28℃完成生活史一般需要 8～13d，其中滋养体阶段营寄生生活，其他 3 个阶段为自由生活。

滋养体：幼虫感染宿主后，钻入上皮内形成滋养体，滋养体呈圆形或卵形，显微镜下虫体的表膜较厚，虫体细胞质较浓密，内有许多颗粒，透明度低，大核一般不易看清。滋养体个体大小为（66～450）μm×（34～360）μm，全身表面被有均匀一致的纤毛，前端有一胞口，与寄生于淡水鱼的多子小瓜虫（*Ichthyophthirius multifiliis*）体形相似，刺激隐核虫胞内有 4～8 个（一般 4 个）卵圆形的核质，相连呈念珠状，作 U 形排列成大核。滋养体寄生在宿主鳃、鳍、体表皮肤等的上皮组织中，能在上皮内进行缓慢的旋转运动，以宿主的体液、组织碎片及细胞为食。滋养体成长期为 3～7d，受到剧烈刺激或者宿主死亡时会主动脱离宿主进入水环境。滋养体脱离宿主的时间具有日周期性，同一鱼体上的滋养体常在相对集中的时间内脱离宿主，大部分在黎明前的黑暗时期脱落。

包囊前体：脱落的滋养体依靠体纤毛摆动在水中只游动 2～8h，此期为包囊前体。它们遇到适宜的基质（substrate）后停留，纤毛退化，体表面的脊状突起变平，形成厚的透明囊壁，进一步发育成包囊。

包囊：包囊大小随鱼种和水温不同而异，短径 94.5～252.0μm，长径 170～441μm。包囊进行无性繁殖，经过一系列不对称二分裂形成幼体，一个包囊可以分裂产生 250～350 个幼体，不同批次的包囊孵化的数量不尽相同，和滋养体相对集中脱离宿主不同，包囊发育成熟后幼体会冲破囊壁逸出，形成幼虫，逸出很不同步。

幼虫：刚逸出包囊的幼虫呈纺锤形、卵圆形或瓜子形，全身均匀分布纤毛，短径 20～50μm，长径 30～70μm，前端稍尖、有一变形胞口，后端钝圆，全身密布纤毛，在水中快速游动，对鱼类血清和黏液有趋向性，可主动寻找并感染宿主，开始下一个生活史。孵化后的幼虫感染能力随时间推移逐渐减弱，孵出 6～8h 后，幼虫的感染能力大大减弱，12～16h 后仅有极少数的幼虫仍具有感染能力，18h 后完全失去感染能力，大多数虫株的幼虫都只能生存 24h。幼虫呈日周期性逸出，即在无光的夜间逸出。

2 流行病学

刺激隐核虫病是一种在全世界范围内广泛发生的海水鱼类疾病，具有高致病性和高暴发性，在宿主的选择上没有特异性，几乎可感染所有海水硬骨鱼类，同时对鱼个体大小亦没有明显的选择性。在自然条件下，野生海洋鱼类通常也会感染刺激隐核虫，但仅作为病原携带者，很少发病；而养殖鱼类由于养殖密度大、抗应激能力弱，更易感染刺激隐核虫而发病，短时间内可导致发病鱼大量死亡。该病对苗种造成的危害大于成鱼，在开放式养殖系统中防治困难，给海水鱼类养殖带来巨大经济损失。我国主要海水养殖硬骨鱼类，包括大黄鱼（*Larimichthys crocea*）、石斑鱼（*Epinephelus* spp.）、美国红鱼（*Sciaenops ocellatus*）、黄鳍鲷（*Sparus latus*）、褐篮子鱼（*Siganus fuscessens*）、鮸（*Miichthys miiuy*）、真鲷（*Pagrus major*）、黑鲷（*Acanthopagrus schlegelii*）、卵形鲳鲹（*Trachinotus ovatus*）、金钱鱼（*Scatophagus argus*）、白姑鱼（*Pennahia argentata*）、花尾胡椒鲷（*Plectorhinchus cinctus*）、军曹鱼（*Rachycentron canadum*）、红鳍笛鲷（*Lutjanus erythropterus*）等均为刺激隐核虫的易感鱼类。该病对大黄鱼、卵形鲳鲹和石斑鱼养殖造成了严重经济损失。

刺激隐核虫的繁殖水温为 10～30℃，最适繁殖水温为 22～26℃。流行季节为 5—11 月，高发期为夏、秋两季 22～28℃的水温上升期和 19～25℃的水温下降期。历年的监测结果显示，刺激隐核虫的适温范围有逐渐变广的趋势，最低检出水温为 22℃，最高检出水温为 31℃。养殖环境富营养化、水流缓慢、网箱布局不合理、网箱分布密度过高、箱内养殖密度过高的海水网箱养殖鱼类易发病；池塘养殖中，污染严重、换水率低的鱼池也易发病；台风过后，海区环境变化大，鱼体抵抗力差，更容易感染刺激隐核虫；育苗池在适宜水温条件下，由于换水量不足导致水质较差时也易造成苗种发病。

3 临床症状

体表皮肤、眼角膜、口腔周围、鳍条以及鳃可观察到针尖大小的白点，体表、鳍、鳃黏液增生形成白色混浊状薄膜；病情严重时体表出现点状出血或溃烂、鳍条缺损、头部和尾部溃烂、眼角膜损伤等症状。发病初期，鱼摄食量下降，呼吸频率加快，因皮肤受侵发痒而表现异常，如摩擦硬物。随着滋养体的不断长大，病鱼体表逐渐出现肉眼可见的白点；发病中期，鱼不喜集群，漫游不止，摄食量严重下降，体表、鳃、鳍等感染部位出现许多大小不等的白点，黏液增多，感染处表皮点状充血，鳃组织因贫血而呈粉红色；发病后期，病鱼离群于水面缓慢游动或沉底，不摄食，鱼体质极度衰弱，体表发炎溃疡，鳍条缺损开叉，眼角膜混浊发白，鳃丝苍白。

4 病理变化

刺激隐核虫幼虫钻入鱼鳃和皮肤的表皮，穿过组织时造成肉眼不易发现的损伤，以宿主的细胞、组织为营养，在宿主上发育成滋养体，从而在寄生的表皮处出现肉眼可见的白点，通常1个腔穴只有1个虫体，严重感染时也有2～4个虫体共用1个腔穴的现象。刺激隐核虫寄生于鱼体皮肤的表皮，造成表皮组织明显增厚，黏液细胞数量增多，分泌黏液亢奋，中间层增厚并形成明显的突起，滋养体进入中间层与生发层，但真皮层和肌肉层没有发现刺激隐核虫。鳍条受刺激隐核虫感染后肉眼可见附着刺激隐核虫，导致局部充血、溃烂，黏液增加，常附着脏物。刺激隐核虫感染眼部时，一般寄生于眼角膜的基底膜，引起角膜增生、眼球混浊。刺激隐核虫感染鳃丝组织时，局部组织被刺激隐核虫挤压或诱导组织细胞增生，阻碍血细胞流通，局部组织肿胀增生使鳃丝和鳃小片呈波浪状弯曲变形，鳃小片膨大变粗呈棍状化或断裂，局部细胞坏死和脱落，鳃丝结构消失。

刺激隐核虫虽然没有寄生于病鱼的各内脏器官，没有对其造成直接性损伤，但由于虫体的寄生严重破坏了鳃丝、皮肤等组织，并导致病鱼摄食下降或停止摄食，进一步导致病鱼肝脏脂肪变性严重，肝索紊乱，血窦缩小或消失；脾脏组织结构不清晰，有充血、出血和坏死等症状；肾脏结构不清晰，肾小管及肾小体缩小，肾小管细胞融合（粘连），组织间隙松散扩大，局部细胞坏死，存在脂肪粒；肠道上皮细胞大量脱落、坏死，结构崩解。

5 诊断

5.1 初步诊断

肉眼观察，根据鱼出现不摄食、在水面漫游或摩擦固形物等症状，且皮肤、鳍条、鳃等出现小白点可初步判断。

5.2 样品采集

从同一个养殖网箱或池塘中采集具有临床症状的鱼体 10 尾，从病灶取样镜检。

5.3 实验室诊断

刮取病鱼体表部分黏液、剪取部分鳍和左右鳃的鳃丝，置于清洁载玻片上，加适量生理盐水或蒸馏水制作水封片，各组织制作 2 个以上样片。在10×10的低倍镜下观察到卵圆形、全身具纤毛、做旋转运动的虫体，有时可见虫体内有 4～8 个（一般 4 个）卵圆形的核质相连呈念珠状，作 U 形排列成大核，即可诊断为刺激隐核虫病。也可刮取病鱼体表黏液或取鳍条及鳃，用 10%的福尔马林或 70%乙醇固定过夜，常温干燥后，吉姆萨染液染色 30s，蒸馏水冲洗，常温干燥，显微镜观察虫体为刺激隐核虫后确诊。

5.4 鉴别诊断

应注意刺激隐核虫病与淀粉卵涡鞭虫病、黏孢子虫病的区别：患淀粉卵涡鞭虫病的病鱼皮肤、鳍等处肉眼可以看到有许多小白点，与刺激隐核虫病相似，但淀粉卵涡鞭虫病的白点比刺激隐核虫病小很多，剖剪鳃常呈灰白色，同样有许多小白点，体表和鳃取样镜检可见用假根附着的梨形或球形、黑色不透明虫体；患黏孢子虫病的鱼体体表的白点大小不一，黏液分泌较少，白点处取样镜检可观察到包囊和孢子，虫体不运动；患刺激隐核虫病的鱼体体表白点为球形或卵形，体表黏液较多，白点处取样镜检可观察到具纤毛、较透明、缓慢旋转运动的虫体。

6 防控

6.1 预防

网箱等开放式水体养殖，保持水流畅通，规范养殖行为，合理规划和布局，降低养殖密度，勤换洗网箱。病死鱼不随意丢弃于海中，以免刺激隐核虫大量散发，增加传染源，造成二次污染，导致病情加剧和蔓延。池塘及室内封闭式养殖，保持良好的换水量，进水口设置过滤装置，减少水源带入病原，定期泼洒含氯石灰等，保证水质清洁。养殖过程科学投喂饵料，在发病高峰期前改投优质配合饲料，并经常拌饵投喂一些具有提高鱼类免疫力的饲料添加剂（如多糖、多种维生素等）。

虽然免疫预防是控制刺激隐核虫非常有潜力的一种方法，但在短时期内仍易重复感染，说明免疫预防刺激隐核虫是存在现实困难的，到目前为止尚无一种抗刺激隐核虫的商业化疫苗。

抗刺激隐核虫病新品系选育也是预防该病的重要途径，利用基因组选择育种技术完成刺激隐核虫抗性显著提升的大黄鱼新品系“宁抗 1 号”对比没有选育的普通大黄鱼存活率提升 85%。

6.2 处理

病鱼经确诊后，采取隔离、扑杀、销毁、消毒、无害化处理、限制易感染的动物和动物产品及有关物品出入等措施。

6.3 划区管理

刺激隐核虫宿主宽泛，在海洋中开展养殖的水体与周边水体连为一体，无法隔开，因此无法进行划区。对陆基养殖场应根据流域的自然隔离情况划区，并实施划区管理。

淡水鱼细菌性败血症

(Freshwater fish bacterial septicaemia)

淡水鱼细菌性败血症，又称淡水鱼暴发病、淡水鱼暴发性出血病、出血性腹水病等，是由嗜温性气单胞菌引起的一种急性传染病，以鳍基充血、肛门红肿、腹部膨大、肠道发炎等临床症状为特征。20 世纪 80 年代中后期，随着水产养殖业的迅猛发展，由于密集饲养、水质卫生状况恶化，该病在我国大面积流行，是我国水产养殖史上危害水生动物种类最多、流行地区最广、流行季节最长、发病率和死亡率均高、造成的经济损失最严重的一种淡水鱼疾病。

1　病原学

病原为气单胞菌科、气单胞菌属的运动性嗜温气单胞菌，主要包括嗜水气单胞菌、维氏气单胞菌、豚鼠气单胞菌、舒伯特气单胞菌等。气单胞菌是革兰氏阴性杆菌，有时呈球杆状，菌体大小（0.3～1.0）μm×（1.0～3.5）μm，无芽孢，无荚膜，除杀鲑气单胞菌外均有运动力，兼性厌氧。气单胞菌对营养要求不高，普通营养培养基可生长，有的种在血平板上形成大而扁平的呈 β 溶血性的菌落，在麦康凯培养基（MCK）上形成扁平、无色较大菌落。大部分菌株氧化酶和触酶均呈阳性，发酵葡萄糖、果糖、麦芽糖和海藻糖等，产酸或产酸产气，能还原硝酸盐。部分菌株在 22℃时生化反应比在 37℃时活跃。因气单胞菌表型特征复杂且多变，本属细菌鉴定相对困难且容易发生误判。

致病性气单胞菌存在溶血素、胞外蛋白酶等多种致病因子，其中溶血素可引起血细胞溶解、肠道和肝脾肾等重要器官病变坏死，最终引起鱼体死亡。气单胞菌对水生动物、畜禽和人类均有致病性，是一种典型的人-兽-鱼共患病病原菌。运动性气单胞菌属于条件致病菌，当外界条件如水温、水质等发生较大变化，或鱼体受伤、抵抗力下降时，易引起鱼类气单胞菌病的暴发。

2　流行病学

在我国，淡水鱼细菌性败血症主要危害鲤、鲫、鲢、鳙、鲂、鳜、罗非鱼、草鱼、斑点叉尾鮰等淡水鱼类，以及鳖、蛙等其他水生动物。该病的发病时间存在南北地区差异，由于广东、广西等南方省份常年温度高，该病从每年的4月或5月即呈现暴发趋势，一直持续到当年的10月甚至11月；而湖南、湖北和江西等地区该病的高峰期通常为每年的6—9月，常常呈现急性暴发，严重时病鱼死亡率可达90%以上。感染气单胞菌的病鱼大多有出血性败血症症状，如鳍条出血、肛门红肿、体表有出血点以及腹部肿胀、有大量腹水等。

3 临床症状

淡水鱼细菌性败血症在早期及急性感染时一般表现为病鱼鳃盖、眼睛、鳍条及体表充血，严重时病鱼眼眶周围也充血，肛门红肿，腹部膨大，腹腔内有淡黄色透明或红色腹水，肠系膜、腹膜及肠壁充血，有的肠腔内积水或有气体。部分病鱼还出现鳞片脱落、体表溃烂等病原混合感染的症状。出现急性病症的病鱼在2～3d内大量死亡，慢性病症的病鱼在4～6d内陆续死亡。在高温季节急性感染发作时，有些鱼外表症状还没有表现出来即死亡。急性感染发作的发病预兆为鱼在池塘沿岸集群，下颌、鳃盖、腹部、肛门充血，游动缓慢，体背变深黑色，身体失去平衡，上下翻滚，最后衰竭死亡。

4 病理变化

显微观察显示，病鱼肝、脾、胰、肾中均有较多血源性色素沉着；随感染程度不同，可见红细胞肿大，细胞质内出现大量嗜伊红颗粒，细胞质透明化和溶血；血管管壁扁平内皮细胞肿胀、变性、坏死和解体，最终出现毛细血管破损；肝、脾和肾等实质器官出现被膜病变，间皮细胞、成纤维细胞肿胀，胶原纤维等出现坏死、肿胀和纤维素样变性，最后大量弥漫性坏死；肝细胞肿胀、变性坏死、崩解；脾脏的网状细胞和造血细胞变性、坏死和解体；肾小管变性坏死，肾小体坏死解体；心肌纤维肿胀、变性、弯曲，部分发生核肿胀碎裂，心内膜坏死。患病银鲫的血清钠、血清葡萄糖、血清总蛋白及白蛋白均显著降低，而血清肌酐、谷草转氨酶、谷丙转氨酶和乳酸脱氢酶等指标显著高于健康银鲫，表明有严重的肝肾坏死和功能损害及其他实质器官的严重病变，属典型的细菌性败血症。

5 诊断

5.1 初步诊断

根据发病鱼种类（单品种发病还是多品种发病）及有无体表充血或出血、肛门红肿、腹部膨大、腹水等典型临床症状，腹水涂片观察是否有短杆状菌体，并结合发病季节（或水温）、病理变化等，可作出初步诊断。

5.2 样品采集

采集10尾有临床症状的病鱼，用于取样的应为濒死或者死亡不超过1h的鱼。用灭菌的接种环刮取肝脏或脾脏或肾脏组织或血液，划线接种于营养琼脂平板、血平板或RS平板进行细菌的分离培养，用于病原鉴定。或者采集上述组织样品后提取DNA，通过分子生物学方法检测病原菌。

5.3 实验室诊断

对分离的细菌进行生理生化特性检测，如革兰氏染色、糖发酵代谢等来确定细菌种类，并结合分子生物学技术，如通过PCR扩增16S rRNA基因、*gyrB*等管家基因并测序，对分离的细菌进行鉴定和确定分类地位。针对其主要病原之一的嗜水气单胞菌，还可以参照国家标准《致病性嗜水气单胞菌检测方法》（GB/T 18652—2002）和水产行业标准《鱼类细菌病检疫技术规程》（SC/T 7201.3—2006）进行诊断。

5.4 鉴别诊断

应注意与由病毒感染引起的草鱼出血病相区别。患细菌性败血症的病鱼除上下颌、眼眶、体侧和鳍条基部出现充血性红色斑点外，大部分病鱼还可见严重的肌肉充血，与肌肉出血型草鱼出血病症状类似。草鱼出血病主要危害草鱼、青鱼的鱼种，同池的其他淡水鱼不发病；淡水鱼细菌性败血症则危害多种淡水养殖鱼类，且对鱼种、商品鱼都有危害。

6 防控

6.1 预防

引起淡水鱼细菌性败血症的气单胞菌为条件致病菌，可以通过清除过厚的淤泥，对水源、养殖设施、苗种和投喂饲料进行严格消毒，控制养殖密度，保持水质优良稳定，加强饲料管理，投喂适量饲料和免疫增强剂，增加水体溶解氧等措施预防感染，也可以通过浸泡或注射方法接种疫苗来预防。中草药及其提取物拌料饲喂也具有预防效果。

6.2 处理

病鱼经确诊后，采取隔离、扑杀、销毁、消毒、无害化处理、限制易感染的动物和动物产品及有关物品出入等措施。

6.3 划区管理

根据水域和流域的自然隔离情况划区，并实施划区管理。

病毒性神经坏死病

(Viral nervous necrosis，VNN)

病毒性神经坏死病，又称病毒性脑病和视网膜病（Viral encephalopathy and retinopathy，VER)，是一种在世界范围内广泛分布的严重危害海水鱼类鱼苗的病毒性疾病，对成鱼也有很高的致死率，以中枢神经组织和视网膜组织的坏死和空泡化为主要特征。

1 病原学

病原为神经坏死病毒（Nervous necrosis virus，NNV)，是一种 RNA 病毒，属野田村病毒科、β 野田村病毒属。

NNV 是最小的动物病毒之一，呈球形，病毒颗粒直径 25～30nm，二十面体，无囊膜，衣壳由 180 个亚单位组成，在 CsCl 中的浮密度为 1.3～1.35g/mL。

NNV 基因组大小约为 4.5kb，包括两条非聚腺苷酸化的单股正链 RNA (RNA1 和 RNA2)。RNA1 长 3.0～3.2kb，编码的蛋白 A 为病毒依赖 RNA 的 RNA 聚合酶（RNA-dependent RNA polymerase，RdRp)，分子质量约为 110kd；RNA2 长 1.3～1.4kb，编码病毒衣壳蛋白（Capsid protein，CP)，分子质量约为 42kd；RNA3（0.4kb）仅存在于病毒复制过程中，编码两种非结构蛋白 B1 和 B2，是 RNA1 的亚基因组转录物，在病毒粒子中不存在。

根据病毒颗粒衣壳蛋白基因序列不同，NNV 主要分为赤点石斑鱼神经坏死病毒（Red-spotted grouper NNV，RGNNV)、红鳍东方鲀神经坏死病毒 (Tiger puffer NNV，TPNNV)、黄带拟鲹神经坏死病毒（Striped jack NNV，SJNNV）和条斑星鲽神经坏死病毒（Barfin flouder NNV，BFNNV）4 种基因型，4 种 NNV 在培养细胞中最适的增殖温度不同：RGNNV 为 25～30℃，SJNNV 为 20～25℃，TPNNV 为 20℃，BFNNV 为 15～20℃。另外，Johansen（2004）在大菱鲆中也发现了神经坏死病毒，即 TNNV，为第 5 种基因型。

根据血清型差异，β 野田村病毒分为 A（对应 SJNNV)、B（对应 TPNNV)、C（对应 RGNNV、BFNNV）3 种类型，不同血清型的鱼类 NNV 似乎对寄主的选择性并不特定，即一种血清型的 NNV 可以感染多种鱼类，同一种寄主也可能被不同血清型的 NNV 感染。目前我国主要流行 RGNNV 基因型。

NNV 对外界环境具有很强的耐受性，可以耐受乙醚和氯仿，SJNNV 在乙醚和氯仿中分别可以耐受 18h 和 15min；经 50℃热处理 30min 后仍有活性，60℃处理后失去活性；在自然干燥条件下至少可维持 40d 的活性；在直射阳光下暴晒 8h 仍有活性。任何浓度的福尔马林都不能使 SJNNV 灭活，甲酚的灭活浓度需超过 10 000mg/L，乙醇和甲醇的灭活浓度分别为 60%和 50%；紫外照射灭活需 410μW/cm^2 照射约 4min；0.1μg/mL 的臭氧浸浴灭活需要 2.5min。NNV 在海水中稳定，15℃生存 6 个月仍有活力。在含 5%的胎牛血清细胞培养液中，37℃时可存活 4d，25℃时为 90d，15℃时培养 6 个月其滴度没有明显变化，培养 1 年仍有很强的致病力。病毒对酸碱度的耐受力也很强，在 pH 2～11 的蒸馏水中生存 24h 滴度没有变化，在 pH 2 的蒸馏水中生存 15d 或 pH 11 的蒸馏水中生存 3d 后活力才逐渐丧失，在 pH 3～7 的蒸馏水中生存的 6 周内活力基本无变化。

2 流行病学

NNV 流行于非洲以外的几乎所有养殖地区，给各地区海水养殖带来了严重经济损失。

NNV 的宿主十分广泛，到目前为止，已知有 120 余种鱼类可被 NNV 感染，主要为海水鱼类。NNV 的易感宿主包括驼背鲈（*Chromileptes altivelis*）、半滑舌鳎（*Cynoglossus semilaevis*）、石斑鱼、大西洋鳕（*Gadus morhua*）、庸鲽（*Hippoglossus hippoglossus*）、花鲈（*Lateolabrax japonicus*）、尖吻鲈（*Lates calcarifer*）、红鳍笛鲷、条石鲷（*Oplegnathus fasciatus*）、斑石鲷（*Oplegnathus punctatus*）、尼罗罗非鱼（*Oreochromis niloticus*）、牙鲆（*Paralichthys olivaceus*）、黄带拟鲹（*Pseudocaranx dentex*）、军曹鱼、眼斑拟石首鱼（*Sciaenops ocellatus*）、大菱鲆（*Scophthalmus maximus*）、高体鰤（*Seriola dumerili*）、褐篮子鱼（*Siganus fuscescens*）、鲇（*Silurus asotus*）、鳎（*Solea solea*）、红鳍东方鲀（*Takifugu rubripes*）、卵形鲳鲹（*Trachinotus ovatus*）、条斑星鲽（*Verasper moseri*）等。相关研究表明，NNV 已经从海水鱼类传播到淡水虾类，从患有肌肉白浊病的罗氏沼虾（*Macrobrachium rosenbergii*）中也检测到了 NNV。

NNV 能感染宿主鱼的各个生命阶段，包括受精卵、仔鱼、稚鱼、幼鱼和成鱼等，在亲鱼的性腺中亦可检测到。该病毒对成鱼的危害相对较小，对仔鱼和稚鱼的危害最大，仔鱼最早发病时间是孵化后 1d，一般在孵化后 1～3 周开始发病，仔稚鱼感染后病死率达 90%以上，甚至 100%。存活鱼可被 NNV 持续感染而不发病，成为 NNV 终身携带者。NNV 能通过水平方式和垂直方式传播，在养殖场通过水体、饵料、养殖工具等进行水平传播，是该病的主要传播方式。

温度对 NNV 感染力及致病力起着重要影响作用，养殖的各种鱼类的发病也与水体温度有密切的关系，温度升高易引起石斑鱼、舌齿鲈、欧洲鳗鲡发病。

海水鱼养殖生产过程中，VNN 一般在 4—11 月流行，其中 6—8 月易暴发，且有较高的死亡率，低温季节一般较少发生。不同鱼类的发病水温有明显不同，养殖石斑鱼患 VNN 具有明显的季节性，一般每年 4—9 月发生，死亡高峰期为 6—8 月（平均水温 30～32℃的夏季），低温季节一般不发病。斑条石斑鱼发病水温约为 22℃；斑石鲷育苗水温在 22～25℃时，网箱养殖水温在 19～23℃时易发病；黄带拟鲹在水温 17～25℃时易发病；褐石斑鱼于水温 25～26℃时发病，死亡率极高；红鳍东方鲀于 19～21℃时发病；舌齿鲈感染 NNV 后，在水温 20～22℃时的发病死亡率为 15％～50％。

3 临床症状

病鱼通常食欲下降或厌食，行为表现出与神经相关的异常。不同种类的病鱼临床表现存在差异，如石斑鱼病鱼常表现为体色变黑，鳃盖张开，头部出血，鱼体出现畸形，或因鳔肿胀导致腹部膨大；鲆鲽鳎类病鱼会滞留在池塘底部，身体蜷曲，头和尾向上翘。小规格苗种多表现为螺旋式、涡旋状游泳；或静止，腹部朝上漂浮，触碰后立即游动。大规格苗种主要表现为向前窜动后沉入水底，集中于池底中央。

4 病理变化

NNV 引起的组织病理学变化主要表现为脑和视网膜的病变。典型脑部病变是脑灰质细胞细胞质内出现空泡；受感染细胞核固缩，细胞失水，呈嗜碱性，神经细胞核固缩，裂解，神经纤维突颗粒状，单核细胞渗漏；大脑血管损伤，管壁出现嗜酸性物质；脑细胞质中还出现嗜碱性的包涵体。不同鱼类包涵体大小不同，庸鲽和尖吻鲈约为 1μm，舌齿鲈的包涵体直径为 2～5μm，而点带石斑鱼的包涵体大小不一。

视网膜损伤、坏死是 NNV 引起的另一常见病理变化，视网膜的几种类型的细胞都会出现空泡，不同类型的细胞空泡大小不同，部分病鱼的视网膜的内核层和中心细胞层的两极细胞出现空泡。

5 诊断

5.1 初步诊断

易感鱼类出现典型的 VNN 临床症状可初步判断为疑似病例。

5.2 样品采集

采集具有临床症状的病鱼 10～20 尾。体长＜1cm 的鱼，取整尾鱼；体长 1～6cm 的鱼，取包括脑和眼在内的整个头部；体长＞6cm 的鱼，采集脑和眼。对于只能用非致死性方式取样的亲鱼，可采集卵、性腺、卵巢液、精液和血液。

5.3 实验室诊断

活体解剖取样品鱼的脑和眼，按常规组织病理制片方法，置于光学显微镜下观察视网膜、脑和脊索等神经组织是否产生明显的空泡化和坏死病变；按照超薄切片要求制备超薄切片，通过透射电镜观察脑和视网膜中是否具有无囊膜、二十面体、大小为 25～30nm、呈晶格状排列在细胞质中，或单个或成团状分布的病毒颗粒。也可用条纹月鳢细胞系（SSN-1）及其克隆细胞系（E-11）、斜带石斑鱼鳍细胞系（GF-1）等进行病毒分离培养，观察细胞是否产生 CPE。另外，套式 RT-PCR、实时荧光定量反转录聚合酶链式反应（RT-qPCR）检测等方法也适用。

5.4 鉴别诊断

本病应与车轮虫病（“跑马”病）及虹彩病毒病相区别。鱼苗被车轮虫（*Trichodina* sp.）大量感染时会出现游动异常，成群结队沿四周逛游，呈“跑马”症状。患虹彩病毒病的鱼主要症状是旋转游动且贫血，鳃极度苍白，可依此将虹彩病毒病与 VNN 加以区别。

6 防控

6.1 预防

引进亲本、苗种应严格检疫，发现携带病原者，应彻底销毁；养殖中发现病鱼要及时拣除并进行隔离养殖；排出的水用含氯石灰消毒；夏季高温期，应适当降低养殖密度，保持水流畅通，投喂新鲜优质饵料，定期在饵料中添加多种维生素、鱼油、多糖类等，以提高鱼体免疫力；受精卵用 25mg/L 聚乙烯吡咯烷酮碘（PVP-I，含有效碘10%）浸浴15min；工厂化养殖用水经紫外线或臭氧消毒，也可用含氯消毒剂或二氧化氯消毒。

6.2 处理

病鱼经确诊后，采取隔离、扑杀、销毁、消毒、无害化处理、限制易感染的动物和动物产品及有关物品出入等措施。

6.3 划区管理

根据水域和流域的自然隔离情况划区，并实施划区管理。

传染性造血器官坏死病

(Infectious haematopoietic necrosis，IHN)

传染性造血器官坏死病是由弹状病毒科传染性造血器官坏死病毒（Infectious haematopoietic necrosis virus，IHNV）引起的病毒性感染，常发生于虹鳟养殖场。

1 病原学

IHNV 是弹状病毒科、粒外弹状病毒属的成员。IHNV 典型毒株是北美西部地区水产养殖中心（WRAC）病株，可从美国菌种保藏中心（ATCC VR-1392）获得。该 WRAC 毒株的基因序列在 GenBank 中的登录号为 L40883。

IHNV 形态呈子弹状，长 150～190nm，宽 65～75nm，含一条不分节段的单股负链 RNA，基因组约含 11 000 个核苷酸。6 种蛋白质编码按以下顺序进行：核衣壳蛋白（N）、磷酸化蛋白（P）、基质蛋白（M）、表面糖蛋白（G）、非病毒结构蛋白（NV）和病毒聚合酶蛋白（L）。

现有的 IHNV 病毒株分为 5 个基因型，即 E、U、M、L、J，不同基因型致病力和易感宿主有异，但不论哪种基因型，用现有标准规定的反转录聚合酶链式反应（RT-PCR）方法都能够检出。国内 IHNV 病毒株以 J 基因型为主。

IHNV 对热、酸和醚敏感，在含有有机质的淡水中可存活 1 个月以上。IHNV 很容易被一般消毒剂和干燥方式灭活。

2 流行病学

IHNV 在北美洲、欧洲和亚洲流行。IHNV 在淡水鱼和海水鱼中均有感染和致病报道。我国很多虹鳟产区有 IHNV 检出的情况。

鲑科鱼类是 IHNV 的主要宿主。自然条件下能感染 IHNV 的物种有虹鳟（*Oncorhynchus mykiss*）、大鳞大麻哈鱼（*O. tshawytscha*）、红大麻哈鱼（*O. nerka*）、大麻哈鱼（*O. keta*）、细鳞大麻哈鱼（*O. gorbuscha*）、玫瑰大麻哈鱼（*O. rhodurus*）、马苏大麻哈鱼（*O. masou*）、银大麻哈鱼（*O. kisutch*）和大西洋鲑（*Salmo salar*）。还有一些物种在野外偶见易感性，或在自然传染途径中显示有易感性。在我国该病引起危害最大、死亡率最高的是虹鳟（包括金鳟）；其他的鱼类会带毒，到处传播。

对 IHNV 的易感性存在品种、年龄和个体差异。越年幼的鱼越易感，3 月龄内的幼鱼阶段最容易受到感染，发病后死亡率高达 90%以上；大鱼发病案例相对较少，死亡率也较幼鱼低。健康状况好的鱼不易感。感染后存活的鱼有很强的抗病力，但是仍然带毒并不断排出病毒到水中。当有细菌性等其他疾病混合感染时、鱼群受到治疗和其他刺激时，更容易感染。

水温对 IHN 的发病及死亡率影响很大。该病主要在 8～15℃时流行，10℃时死亡率最高，死亡率可高达 100%。水温在 18℃时也偶见发病。

IHNV 在鱼之间的传播主要是水平传播，也存在垂直传播。消毒受精卵表面能明显减少病毒附卵传播。

病毒通过鳃和鳍的基部侵入鱼体，IHNV 主要存在于肾、脾及其他内部器官。

3 临床症状

IHN 的潜伏期一般为 4～6d。IHN 暴发时，首先出现稚鱼和幼鱼的死亡率突然升高的现象。受侵害的鱼通常出现昏睡症状，不愿活动和避开水流；但也有的鱼出现狂游乱窜、打转等反常现象。患病鱼体色变黑，眼球突出，肛门处拖一条假管型黏液粪便；有时还可见患病鱼腹部膨大，腹部有 V 形出血，头部之后的侧线上方显示皮下出血。但上述症状并非该病独有。

4 病理变化

病鱼剖检呈现贫血，肠道缺乏食物，肝、肾和脾苍白，体腔内可见腹水，内脏器官上有瘀斑。

组织病理学分析显示，造血组织、肾、脾、肝、胰腺和消化道出现进行性坏死。肠壁嗜酸性粒细胞坏死是 IHNV 感染的特征。

5 诊断

5.1 初步诊断

虹鳟（包括金鳟）等易感宿主，在 18℃以下尤其是在 8～15℃出现临床症状，由此可作出初步诊断。

5.2 样品采集

应在水温低于 18℃时进行，对出现病死鱼或行为异常鱼的养殖单元（流水池、网箱等）进行检查。

样品需采集活的易感鱼类，并尽可能采集具有患病症状的易感鱼。运送过程充氧以保持鱼存活，并尽快送至实验室。组织样品需要在 4℃冷藏，24h 内送至实验室。

无临床症状的鱼，每个场采集 150 尾（粒）；具有临床症状的鱼，采集 20～30 尾。

体长≤4cm 的可采集整尾鱼，带卵黄囊的鱼应去除卵黄囊；体长 4～6cm 的鱼，取内脏（包括肾）；体长＞6cm 的鱼，采集肝、脾、肾和脑；亲鱼可采集卵巢液和精液；受精卵则取卵膜。

5.3 实验室诊断

IHNV 检测“金标准”是通过细胞培养分离病毒，然后采用免疫学或分子生物学方法鉴定。

EPC 细胞原或 FHM 细胞系是 IHNV 分离的最适细胞系。取处理好的病料接种到 EPC 或 FHM，置于 15～18℃下培养 7～10d，观察有无 CPE；无 CPE 的再盲传 1 代。

免疫学鉴定方法可采用中和试验（VN）、IFA 或 ELISA。

分子生物学鉴定方法可采用 PCR、基因测序等。

5.4 鉴别诊断

本病应与传染性胰脏坏死病进行区分。

6 防控

6.1 预防

（1）控制本病主要采取严格管理、检疫和卫生消毒措施，以防病原入侵。对苗种场、良种场实施“无规定疫病苗种场”管理制度。

（2）加强对国家级原良种场、省级原良种场、引育种中心、重点苗种场等重点企业的监测，1 年抽检 2 次；并加强水产苗种产地检疫工作，掌握疫情动态。检测结果为阳性的场，不得对外销售苗种，需有相应的防控措施并要接受主管部门定期检查。

（3）受精卵用聚维酮碘消毒，置于无病毒污染水体中孵化和饲养，养殖设施和工具消毒后使用。

（4）拌饵投喂免疫调节剂（益生菌、中药、酵母培养物等）以降低感染率和死亡率。

6.2 处理

病鱼经确诊后，采取隔离、扑杀、销毁、消毒、无害化处理、限制易感染的动物和动物产品及有关物品出入等措施。

6.3 划区管理

根据水域和流域的自然隔离情况划区，并实施划区管理。

流行性溃疡综合征

(Epizootic ulcerative syndrome，EUS)

流行性溃疡综合征又称红点病、霉菌性肉芽肿、溃疡性霉菌病或流行性肉芽肿丝囊霉菌病，是由丝囊霉菌引起的一种鱼类急性传染病，以体表溃疡、骨骼肌霉菌性肉芽肿为特征。

1 病原学

病原为侵入性丝囊霉菌（*Aphanomyces invadans*），属水霉目、水霉科、丝囊霉属。根据《OIE 水生动物卫生法典》，EUS 仅指侵入性丝囊霉菌引发的感染，杀鱼丝囊霉菌（*A. piscicida*）为侵入性丝囊霉菌的同物异名。

嗜水气单胞菌、温和气单胞菌等细菌及弹状病毒等可成为 EUS 继发感染的病原。

2 流行病学

EUS 是野生、淡水及半咸水养殖鱼类的季节性流行病，多暴发于低水温期和降大雨之后。低温和暴雨等条件可促进丝囊霉菌孢子形成，而且长期的低水温可降低鱼对霉菌的免疫力。丝囊霉菌对稻田、河口、湖泊和河流中各种野生和养殖鱼类都有很高的致死率。已报道的 EUS 感染鱼类包括 100 多种淡水鱼和部分海水鱼，乌鳢和鲃科鱼特别易感，但罗非鱼、遮目鱼、鲤等重要养殖品种对这种病有较强的抗性。

3 临床症状

发病早期病鱼不吃食、身体发黑、漂浮在水面上，有时出现异常游动；中期病鱼体表、头、鳃盖和尾部可见红斑；后期出现较大红色或灰色的浅部溃疡，并伴有棕色坏死，大块损伤多发生在躯干和背部。除了乌鳢和鲻外，大多数鱼在后期阶段发生大量死亡。

存活的病鱼，其体表具不同程度坏死和溃疡灶，有的红斑呈火烧样焦黑疤痕，有的红斑呈中间红色四周白色的溃疡灶。乌鳢等敏感鱼类虽然可带着溃疡灶存活很长时间，但病灶会逐步扩展到身体深部。病灶处可观察到直径 10～

12μm 的病原性无孢子囊真菌。这些真菌向内扩展穿透肌肉后可到肾、肝等内脏器官，甚至使头盖骨软组织和硬组织坏死，导致脑部和内脏裸露。

4 病理变化

组织病理变化包括坏死性肉芽肿，皮炎和肌炎，头盖骨软组织和硬组织坏死。

5 诊断

我国目前尚无该病诊断的国家标准，可参考《OIE 水生动物疾病诊断手册》的 EUS 有关章节或检验检疫行业标准《流行性溃疡综合征检疫技术规范》（SN/T 2120—2008）进行诊断。

5.1 初步诊断

主要根据临床症状初步诊断。

5.2 样品采集

取有损伤的活鱼或濒死鱼的皮肤和肌肉（$<1cm^3$），包括坏死部位的边缘和四周组织，用 10%的福尔马林固定。WOAH 规定，本病仅检测有病症的鱼，无临床症状的鱼不作为检测对象。

5.3 实验室确诊

从疑似感染的病鱼组织或器官中检测出典型真菌性肉芽肿，或从中分离到真菌并经 PCR 确认为侵入性丝囊霉菌，可作出判断；或从病灶四周肌肉进行压片镜检，发现无孢子囊、直径 12～30μm 的丝囊霉菌菌丝，并采用 HE 染色和霉菌染色（如 Grocott's 染色）后，能观察到典型肉芽肿和侵入菌丝，均可确诊；此外，分离鉴定真菌也可鉴定该病。

5.4 鉴别诊断

水霉病、细菌性溃疡与 EUS 均有类似的溃疡病灶，三者刮开损伤部位后均可观察到霉菌、细菌和寄生虫的二次感染的情况。EUS 与水霉病、细菌性溃疡的区别为存在霉菌性肉芽肿、真菌无孢子菌丝侵入组织现象和 PCR 检测阳性。

嗜水气单胞菌、温和气单胞菌等细菌以及弹状病毒等病毒，可成为 EUS

的继发感染病原。

6 防控

6.1 预防

对无症状鱼不必进行病原检疫。出现疫病水域，可通过加强水体消毒防止疾病传播。

6.2 处理

病鱼经确诊后，采取隔离、扑杀、销毁、消毒、无害化处理、限制易感染的动物和动物产品及有关物品出入等措施。

6.3 划区管理

根据水域和流域的自然隔离情况划区，并实施划区管理。

鲫造血器官坏死病

(Crucian carp haematopoietic necrosis，CHN)

鲫造血器官坏死病是鲫养殖过程中面临的主要危害性疾病，其发病迅速、死亡率高，给鲫养殖业造成了巨大损失。

1 病原学

鲫造血器官坏死病的病原为鲤疱疹病毒 2 型（Cyprinid herpesvirus 2，CyHV-2），隶属异样疱疹病毒科、鲤疱疹病毒属。

2 流行病学

水温 10～33℃易发病，22～28℃为流行高峰。病原可感染金鱼、鲫及鲫杂交变种，不同规格鱼均可被感染，可通过水体水平传播和卵垂直传播。流行范围广，传播速度快，死亡率高，危害严重。

3 临床症状

病鱼游动缓慢，体色发黑，体表广泛性充血或出血，尤其以鳃盖、下颌、前胸部和腹部最为严重，鳃丝肿胀呈鲜红色，黏液较少，濒死鱼鳃血管易破裂而出血。

4 病理变化

患病鱼解剖后可见淡黄色或红色腹水，肝、肾、脾等器官肿大，并有不同程度充血，鳔出现点状或斑块状充血。患病鱼脾脏呈弥散性坏死，肾脏出现广泛性细胞坏死。

5 诊断

5.1 初步诊断

根据患病鱼典型的临床症状进行初步判断。

5.2 样品采集

采集患病鱼的肝、脾、肾和肠等组织。

5.3 实验室诊断

（1）电镜观察病毒颗粒。采用超薄切片制样技术，选取患病鲫脾、肾等组织制备超薄切片样本，置于电镜下观察病毒粒子的形态特征，从而进行疾病的诊断。

（2）特异性病毒基因 PCR 扩增。目前针对鲤疱疹病毒 2 型已建立了常规 PCR、巢式 PCR、实时荧光定量聚合酶链式反应（qPCR）、LAMP 等检测技术。

5.4 鉴别诊断

维氏气单胞菌和嗜水气单胞菌是鲫常见的两种细菌性感染源，有时其症状会与鲫造血器官坏死病的病理特征有相似之处，也有可能出现混合感染，所以需要临床症状和实验室诊断相结合。

6 防控

6.1 预防

（1）亲鱼、鱼种检疫。鱼种场应定期对亲鱼进行检疫，杜绝亲鱼带毒繁殖；养殖户在购买鲫鱼种时，应对鱼种进行检疫，避免购买到携带病毒的鲫鱼种。

（2）疫苗免疫预防技术。对鲫鱼种进行疫苗免疫。

（3）定期投喂天然植物抗病毒药物。天然植物抗病毒药物包括黄芪、大青叶、板蓝根等多种中药，可将其超微粉碎后拌入饵料或与饲料一起加工制成颗粒，在发病季节前进行预防投喂。

（4）改善鱼体代谢环境与健康水平。饲料中添加多种维生素预混料、免疫多糖制剂以及肠道微生态制剂等，可明显改善鱼体的代谢环境，提高鱼体健康水平和抗应激能力。

6.2 处理

病鱼经确诊后，采取隔离、扑杀、销毁、消毒、无害化处理、限制易感染的动物和动物产品及有关物品出入等措施。

6.3 划区管理

根据水域和流域的自然隔离情况划区，并实施划区管理。

鲤浮肿病

(Carp edema virus disease，CEVD)

鲤浮肿病，或称锦鲤昏睡病（Koi sleepy disease，KSD)，是由痘病毒感染鲤、锦鲤引起的一种高度传染性流行病。患病鱼出现烂鳃、凹眼、昏睡等症状并急性死亡，造成严重经济损失，在我国是新发疫病。

1 病原学

病原为鲤浮肿病毒（Carp edema virus，CEV)，隶属于痘病毒科，其基因是一种线性双链 DNA（dsDNA)。痘病毒科分为脊椎动物痘病毒亚科和昆虫痘病毒亚科，而 CEV 属于未定亚科的痘病毒，其大小约 200nm×400nm，呈圆形或卵圆形。痘病毒虽是 DNA 病毒，但其增殖过程全部在细胞质内进行。根据系统发育分析结果，CEV 划分为基因 1 型和基因 2 型，其中基因 2 型又分为基因 2a 型和基因 2b 型。研究表明 CEV 基因型与宿主种类有明显关系，即基因 2a 型主要感染锦鲤和鲤，而基因 1 型和基因 2b 型分离于鲤。目前我国各地已检出的 CEV 毒株绝大多数属于基因 2a 型。

2 流行病学

1974 年，日本新潟首次在锦鲤中发现 CEV，之后在广岛、琦玉等地区均有发病报道。由于该病很长一段时间以来只在日本流行，因此各国对 CEVD 重视不够，有关疫情的报道很少。但近年来报道的病例迅速增加，已经有美国、捷克、澳大利亚、英国、法国、德国、意大利、波兰、瑞士、印度、巴西和韩国先后报道。荷兰还从已经归档的 2004 年的样品中检出 CEV，推测 CEVD 在上述地区早有发生，但当时由于各种原因而未得到有效确认。

2014 年 7 月，北京市房山区某养殖场锦鲤幼鱼暴发疫病，死亡率约 80%，病鱼出现烂鳃、体浮肿等临床症状，后确诊为 CEV 感染。这也是在我国首次报道发生 CEVD。调查发现早在 2003 年河南等地就零星出现“鲤急性烂鳃病”病例，2007 年开始病例逐年增多，此后不同年份严重程度不一。根据症状和流行特点，并结合进一步的调查检测，得出“鲤急性烂鳃病”的绝大部分病例就是 CEVD，只是当时未得到检测确认。近些年的监测表明，我国一半以上省份检出 CEV。其中河南沿黄滩区、辽宁辽中、河北唐山等地的养殖鲤发病情况较为突出。

鲤和锦鲤的许多品种均对 CEV 不同程度易感。同池养殖的其他鱼类不会发病。鲤和锦鲤的所有年龄阶段均可被感染。

生产中，20～27℃是发病的主要温度范围。

未感染的鲤在与已感染 CEV 的锦鲤同池 6h 后检测到 CEV，证实病毒可以在锦鲤和鲤之间水平传播，在感染 CEV 的第 7 天，鲤开始出现典型的症状和死亡。带病苗种流通以及展览比赛等是 CEV 快速大范围传播的主要原因。CEV 是否存在垂直传播途径还有待证实。

调查表明，CEVD 一般持续发病 7～10d，之后再取样检测常得到 CEV 阴性结果。人工感染试验也证实发病和死亡的鱼体内的病毒量逐渐降低到零，提示鱼可能对 CEV 产生了免疫力。

3 临床症状

感染 CEV 的鲤或锦鲤行动迟缓，常聚集在池塘的水面或边缘处，或静置在池中，或在池底不动，倒向一侧像睡着一样。当受到触动时，病鱼会游动，但很快又继续处于昏睡状态。发病鱼有以下症状：烂鳃、体表糜烂、出血、皮下组织水肿、眼球凹陷、食欲不振、吻端和鳍的基部溃疡等。其中最常见的症状是包括烂鳃在内的鳃丝损害症状。鳃组织是 CEV 的主要靶器官，在肾、肝、脾、肠、表皮等组织也可检测到该病毒。

4 病理变化

在发生 CEVD 的鲤或锦鲤中，鳃组织在低倍镜下显示上皮细胞的过度增殖导致鳃丝肿胀；高倍镜下表现出鳃细胞水肿、重度增生、鳃小片相互融合以及上皮细胞脱落。鳃丝末端细胞增生会严重影响血液的气体交换，导致鱼缺氧、浮头、反应迟缓、代谢紊乱等。

5 诊断

5.1 初步诊断

当同池鱼仅鲤、锦鲤发病死亡，有烂鳃、凹眼、昏睡等症状时，怀疑是 CEVD。

5.2 样品采集

抽取正在发病的鱼或尚未发病的鱼；如果取到病愈的鱼，极易得到假阴性结果从而造成漏检。

尽量在20～27℃取样。体长≤4cm的鱼取整尾；带卵黄囊的鱼去掉卵黄囊；体长4cm以上的鱼取鳃。

5.3 实验室诊断

截至目前仍没有筛选到易感CEV的细胞系。由于CEV感染所致的鳃组织病理变化与感染KHVD、细菌或寄生虫发生的病理变化相似，因此不具有特异性，仅能作为疑似病例判定依据。电镜观察鳃组织中成熟病毒粒子是一种检测方法。

PCR检测技术是CEV主要检测手段。qPCR是目前较适合开展检测的技术方法。qPCR和传统的套式PCR具有近似的检测灵敏度，其组织检出限为1～10拷贝/反应或4～40拷贝/mg。

目前还建立了CEV的LAMP检测方法，最低可检出6拷贝/μL，具有较高的特异性和检测灵敏度。还有利用重组酶聚合酶扩增技术（RPA）以及重组酶介导扩增法（RAA）建立的适合于现场检测有症状鱼的技术。

当养殖的鲤或锦鲤出现临床症状，qPCR、套式PCR、LAMP等检测方法中任意一种检测结果呈阳性，即可判定为CEVD阳性。养殖的鲤或锦鲤无临床症状，qPCR、套式PCR、LAMP等检测方法中任意一种检测结果呈阳性，即可判定为CEV核酸阳性。

5.4 鉴别诊断

本病应与锦鲤疱疹病毒病区分开。

6 防控

6.1 预防

目前，没有治疗鲤浮肿病的有效药物，预防工作非常重要。主要预防措施如下：

（1）引入苗种时需进行严格的隔离检疫，在15～27℃至少进行30d。锦鲤展会也会增加疫病传播的风险，参展锦鲤需要隔离养殖，避免混养造成CEVD的广泛传播，运回的参展锦鲤也需要隔离。

（2）购买检疫合格苗种，如从国家、省级水生动物疫病监测阴性苗种场购买苗种，避免引入带病原苗种。

（3）养殖密度不宜过高。

（4）投喂高质量饲料，并加强投喂管理，避免残饵导致水质突变。定期投喂含免疫调节剂（益生菌发酵中药、酵母培养物、黄芪多糖等）的饲料 1 周后，再投喂正常饲料 2 周，依次轮换。

（5）投饵区安装增氧设施，防止局部缺氧。定期监测水质，避免溶解氧缺乏。晴天中午开动增氧机 1～2h，阴雨天以及清晨水体氧气不足时开动增氧机。

（6）一般每 15d 对水体消毒 1 次。使用消毒剂时，注意水质以避免水质突变，老水酌情减少消毒剂用量。

（7）关注天气，在天气突变前停食、增氧、投放抗应激药品稳定水质，避免水质突变。

（8）使用改底药物应均匀泼洒。尽量少倒池，避免采取易使鱼产生应激的管理措施。

（9）养殖前彻底清塘。养殖工具专池专用，尾水治理达标后排放。

6.2 处理

病鱼经确诊后，采取隔离、扑杀、销毁、消毒、无害化处理、限制易感染的动物和动物产品及有关物品出入等措施。

6.3 划区管理

根据水域和流域的自然隔离情况划区，并实施划区管理。

甲壳类病（3种）

白斑综合征

(White spot syndrome，WSS)

白斑综合征俗称白斑病（White spot disease，WSD)，是由白斑综合征病毒引起的对虾严重传染性疫病，20 世纪 90 年代以来一直严重威胁着世界对虾养殖安全。该病的特点是发病急、死亡率高、死亡速度快。病虾停止摄食，部分濒死虾甲壳出现白色斑点，白斑综合征因此而得名（但亦有发病者不出现白斑而虾体变红)。WOAH 将其列为需要通报的疾病。

1 病原学

病原为白斑综合征病毒（White spot syndrome virus，WSSV)，属线头病毒科、白斑病毒属唯一成员。

WSSV 粒子呈椭球形，外观如一线团，一端露出线头，线头病毒科因此而得名。WSSV 完整病毒粒子的横截面为圆形，纵切面为杆状略带椭圆，长 260～360nm，直径为 80～150nm，一端略平带轻微凹陷，一端略细，略细端有一细长尾巴状（鞭毛状）结构。病毒主要由囊膜、核衣壳构成。基因组为环状双链 DNA，大小约 300kb。

WSSV 至少有 VP28、VP19、VP26、VP15、VP24 5 种主要结构蛋白和 VP281、VP35、VP466 等 13 种次要结构蛋白，VP28 是病毒粒子中含量最高的囊膜蛋白，VP15 是重要的核衣壳蛋白。病毒在细胞核内复制和组装，核衣壳为 15 圈螺旋对称的圆柱体结构。

WSSV 可在 50℃、120min 或 60℃、1min 失去活性。实验条件下，在 30℃海水中至少可存活 30d，在养殖池中可存活 3～4d，对去垢剂敏感，可在类淋巴原代细胞中培养，25℃条件下，20h 可完成复制过程。

病毒侵袭的主要组织为鳃、类淋巴、表皮、中肠及肝胰腺结缔组织。

2 流行病学

该病毒于 20 世纪 90 年代初在我国台湾、广东、福建等地及日本被发现，随后扩散并遍及亚洲主要对虾养殖地区，并蔓延到美洲，造成全球性的对虾养殖业流行病。早期，受 WSS 影响的养殖对虾一般发病后 2～3d，最多不足 1 周时间可全池死亡。近年来，全球养殖对虾中一些 WSSV 株系的致病力呈减弱趋势。

在 WSSV 的自然感染过程中，经口感染途径是 WSSV 传播的主要途径，通过各种甲壳类动物个体间的感染传播或携带，WSSV 可能在自然界下长期存在。WSSV 在感染的新鲜动物尸体中具有感染性，水中游离状态的 WSSV 在较高浓度时也可能通过污染饲料经口感染，但水中游离状态的 WSSV 不能通过体表感染健康对虾。

在发病对虾精巢、精荚、卵巢中都能检测到病毒，WSSV 也可能通过污染的受精卵而造成垂直传播，或在幼体期经口感染使虾苗携带 WSSV。

WSSV 的宿主范围非常广泛。中国明对虾、斑节对虾、凡纳滨对虾、日本囊对虾、墨吉明对虾、长毛明对虾、印度明对虾（*Fenneropenaeus indicus*）、桃红对虾、白对虾、褐对虾、刀额新对虾（*Metapenaeus ensis*）等对虾科均可被感染致病。另外，罗氏沼虾、海南沼虾（*Macrobrachium hainanense*）、埃氏沼虾、蓝氏沼虾、脊尾白虾（*Exopalaemon carinicauda*）、鼓虾（*Alpheus* spp.）、克氏原螯虾、哈氏美人虾（*Callianassa harmandi*）、龙虾、虾蛄、三疣梭子蟹、锯缘青蟹、中华绒螯蟹、天津厚蟹（*Helice tientsinensis*）、肉球近方蟹（*Hemigrapsus sanguineus*）、日本大眼蟹（*Macrophthalmus japonicus*）等其他甲壳类动物等也可被 WSSV 感染致病或成为病毒携带者。某些甲壳类动物及一些水生昆虫在感染后可能并不出现表观症状或病理变化，例如藤壶、轮虫等。对虾和蟹类的阳性检出率较高。

3 临床症状

发病虾厌食、空胃、行动迟缓、弹跳无力、静卧不动或在水面兜圈。头胸甲易剥离，壳与真皮分离，部分患病对虾的头胸部和尾节甲壳内侧可见白色斑点。患病中国明对虾、凡纳滨对虾、日本囊对虾体色发红，而患病斑节对虾在濒临死亡时体色变蓝。血淋巴混浊、不凝固，血淋巴细胞减少。

4 病理变化

甲壳上白斑的主要成分是碳酸钙，是由于 WSSV 在上皮细胞内的迅速增殖导致钙磷比显著增高，进而甲壳上形成了碳酸钙的沉积。甲壳内面的白点在显微镜下可见呈重瓣的花朵状，外围较透明，花纹较清楚，中部不透明。

其侵害的主要组织和器官是甲壳下上皮组织、胃及后肠上皮组织、结缔组织、触角腺、造血组织、鳃、血淋巴器官。其中胃部坏死最严重，而肝胰腺实质细胞、中肠上皮细胞、肌纤维细胞不被感染。

感染早期，侵害组织的少量细胞核略微膨大，核中出现嗜酸性着色区域，核仁边移；随着感染时间延续，细胞核内嗜酸性着色很快转变为大的嗜碱性包涵体，使细胞核显著膨大，染色质只在细胞核边沿隐约可见，大量细胞被侵染。

在细胞核中复制和装配成熟的病毒粒子聚集到一定量时，可使细胞解体。释放后的病毒粒子再感染周围细胞。此外在肌肉纤维之间的结缔组织及肝胰腺血窦的血细胞中也可见到病毒粒子。

5 诊断

5.1 初步诊断

根据流行病学、临床特征和病理特征作出初步诊断，确诊需进行实验室诊断。

5.2 样品采集

采集 150 尾虾，按不同的大小或感染期取不同组织样品。其中，对虾幼体、仔虾取完整个体，幼虾和成虾取虾的头胸部，非对虾的甲壳类动物参照对虾的方法取样。非生物样品取 0.1～0.5g。

样品采集按《白斑综合征（WSD）诊断规程　第 5 部分：新鲜组织的 TE 染色法》（GB/T 28630.4—2012）的规定或者《OIE 水生动物疾病诊断手册》中的要求进行。

5.3 实验室诊断

5.3.1 组织及病理诊断

新鲜组织的快速染色法。经 TE 染色组织涂片，检查受感染细胞的典型变化。适用于在现场或诊断实验室对患病濒死的对虾仔虾、幼虾或成虾进行快速诊断。

组织病理学诊断。经 HE 染色后可清晰地观察到各种不同的组织结构的病理变化。HE 染色适用于发病对虾或其他敏感宿主的初步诊断和对怀疑染病宿主的诊断，不适于非感染性携带病毒样品的病毒检测。

电镜诊断。在病虾鳃、胃、淋巴器官、皮下组织等的电镜切片中观察到细胞核内的病毒粒子，通过负染电镜观察到完整的病毒粒子或无囊膜的核衣壳从而进行确诊。

5.3.2 病原分离鉴定

生物诊断法。本法适用于 WSS 诊断，但需要不带有特定病原（Specific

pathogen free，SPF）指示虾（如凡纳滨对虾稚虾）。采集疑似虾，除去附肢或虾头尖，加 TN 缓冲液匀浆，离心，上清液用 2%无菌生理盐水按 1∶10 稀释，对指示虾进行肌肉注射，然后进行临床观察和大体病理、组织病理学诊断。

分子检测技术 DNA 探针法。采用非放射性的地高辛标记 cDNA 探针进行，敏感性高于传统的病理组织学诊断法。核酸探针斑点杂交适用于对虾的成虾、幼虾、仔虾、幼体和受精卵的活体、冰鲜或冰冻产品和其他对 WSSV 敏感的甲壳类生物 WSSV 的筛查、临床病症的确诊；原位杂交法适用于对虾及其他 WSSV 感染宿主组织细胞的感染程度及病毒扩增状况的评估和疾病的确诊。

PCR 检测法。通过 PCR 检测特定基因。适用于对虾各种样品、环境生物和饵料生物的各种样品以及其他非生物样品中白斑综合征病原带毒情况的定性检测，具有高灵敏度，可用于病原筛查和疾病确诊。

5.3.3 以抗体为基础的抗原检测法

应用单克隆抗体，采用斑点免疫印迹、IFT 和 ELISA 等进行诊断。

5.4 鉴别诊断

本病应与桃拉综合征、细菌性白斑相区别。

6 防控

6.1 预防

（1）对苗种场、良种场实施防疫条件审核、苗种生产许可管理制度。

（2）加强疫病监测与检疫，掌握流行病学情况。可通过培育或引进抗病品种、切断传染源以及加强饲养管理等综合措施控制本病。

（3）虾池在养虾前进行清池，尽可能彻底清淤，然后进行消毒；选择健康虾作为亲虾；培养健康虾苗；放养密度合理，合理用水、培好水色、保持优良水质。

（4）养虾池中适当混养一些吃浮游生物或底栖藻类的鱼或贝类。养虾池中接种和培养光合细菌也可净化水质，防止虾病。投喂能提高对虾细胞免疫力的中草药和免疫促进剂是目前常用的防治途径。

（5）在养虾场附近有虾病流行时，停止从海区向蓄水池引水，应将虾池中的水与蓄水池中的水循环使用。而在虾池中使用增氧机是防病和增产的重要措施。

6.2 处理

无疫区内禁止检疫阳性亲虾和苗种的引入。

新疫区内检疫阳性的亲虾和苗种应扑杀并消毒。

老疫区内检疫阳性亲虾应隔离，检疫阳性苗种应仅在本地使用，禁止用于繁殖育苗、放流或直接作为水产饵料使用。

6.3 划区管理

根据水域和流域的自然隔离情况划区，并实施划区管理。

十足目虹彩病毒病

(Infection with decapod iridescent virus 1，iDIV-1)

十足目虹彩病毒病，是由十足目虹彩病毒1型（Decapod iridescent virus 1，DIV-1）引起的虾类重要传染性疫病，威胁虾类养殖安全。该病的特点是发病快、传染性强、死亡率高。病虾停止摄食，行动力减弱，空肠胃，肝胰腺颜色变浅，部分患病虾体色变红，罗氏沼虾额剑基部甲壳下组织变白，俗称罗氏沼虾“白头”或“白点”。WOAH将其列为需通报疾病，亚太水产养殖中心网（Network of Aquaculture Centres in Asia-Pacific，NACA）将其列为亚太水生动物季度报告疫病。

1 病原学

DIV-1，是虹彩病毒科、十足目虹彩病毒属唯一成员。

DIV-1粒子具有囊膜，直径150～160nm，基因组为环状双链DNA，大小约166kb。完整的核衣壳为二十面体，在透射电镜下观察为六角形，角对角长度约158.6nm，边到边的长度约143.6nm，衣壳内的衣粒层约9.0nm厚，内膜约13.1nm厚，有1个直径约85.8nm的内核，衣壳与内核之间有柱状体相连。病毒在细胞质内复制和组装。

病毒主要侵袭淋巴器官和造血组织。

2 流行病学

DIV-1的生物学和地理起源尚无明确结论。早在1993年，法国和厄瓜多尔即开始有疑似虹彩病毒感染十足目动物的病例报道。我国研究人员从2014年采集自福建省的发病红螯螯虾以及采集自浙江省的养殖凡纳滨对虾样品中鉴定到此病毒，此后，部分沿海养殖省份陆续有养殖虾类中检测出DIV-1核酸阳性的报道。2020年，我国台湾的斑节对虾、红螯螯虾和凡纳滨对虾样品通过PCR检出DIV-1阳性。同年，NACA报道，在印度洋捕捞的斑节对虾样品，通过PCR检出DIV-1阳性。

该病发病快，一般虾池出现死亡个体后2～3d即可出现大批量死亡，1～2周内可造成80%以上养殖动物死亡。在自然感染病例中，经口感染是DIV-1传播的主要途径。通过野生群体和环境生物的感染或携带，DIV-1可在自然界中长期存在。DIV-1 在感染的新鲜动物尸体中具有感染性；当水中游离 DIV-1 浓度较高时，水生动物也可通过摄食等途径感染。

目前，虽无直接证据表明 DIV-1 可进行垂直传播，但对虾育苗场中的虾苗常有 DIV-1 检出，仍应引起足够的警惕。

根据 WOAH 对特定病原易感宿主的认定标准，目前已经确认的 DIV-1 易感宿主有凡纳滨对虾、罗氏沼虾、红螯螯虾、日本沼虾、脊尾白虾、克氏原螯虾、斑节对虾、日本囊对虾和三疣梭子蟹。除已确认的易感宿主之外，DIV-1 还具有广泛的潜在宿主和媒介生物种类，在多种养殖和野生的甲壳类动物样品中被检出。

3 临床症状

对虾感染 DIV-1 后，往往表现出一些非典型的症状，包括空肠空胃、红体、上皮色素点变大加深，以及肝胰腺褪色。其中，患病日本囊对虾体色发红明显，解剖后可见淋巴器官肿胀变白。螯虾和蟹类感染后，由于甲壳较厚且不透明，外观症状不明显，表现为行动迟缓和厌食。罗氏沼虾感染 DIV-1 后，其额剑基部甲壳下的造血组织会形成典型的白色病变，养殖人员称其为“白头”或“白点”。

4 病理变化

DIV-1 主要感染虾蟹的淋巴器官、造血组织、血细胞和上皮细胞，组织切片经 HE 染色后，DIV-1 感染的细胞会出现核固缩，细胞质内可见明显嗜酸性病毒包涵体。透射电镜下，可以观察到细胞质内有低电子密度的病毒生发基质和不同合成阶段的核衣壳，旁边有大量成熟病毒粒子紧密排列。细胞边缘可见成熟的病毒粒子从宿主细胞出芽并获得囊膜。

5 诊断

5.1 初步诊断

根据流行病学、临床特征和病理特征作出初步诊断，确诊需进行实验室诊断。

5.2 样品采集

采集 150 尾（只）动物，按不同的大小或感染期取不同组织样品。其中，对虾幼体、仔虾取去除眼柄的完整个体，幼虾和成虾取虾的易感组织，非对虾的甲壳类动物参照对虾的方法取样。非生物样品取 0.1～0.5g。

按《虾虹彩病毒病诊断规程》（SC/T 7237—2020）的规定或者按照《OIE 水生动物诊断试验手册》中的要求采样。

5.3 实验室诊断

5.3.1 组织及病理诊断

（1）组织病理学诊断。经 HE 染色后可清晰地观察到侵染组织的病理变化。HE 染色适用于发病虾蟹或其他易感宿主的初步诊断和对怀疑染病宿主的诊断，不适用于非感染性携带病毒样品的检测。

（2）电镜诊断。在病虾淋巴器官、造血组织、血细胞、上皮组织等的电镜切片中观察到细胞质内的病毒粒子，通过负染电镜观察到完整的病毒粒子从而进行确诊。

5.3.2 病原鉴定

（1）生物诊断法。需使用 SPF 对虾作为指示虾。采集疑似样品，取易感组织，加 TN 缓冲液匀浆，离心，上清液用 PBS 缓冲液按 1∶10 稀释，对指示虾进行肌肉注射，通过临床观察、组织病理和分子生物学方法进行诊断。

（2）组织原位检测。采用地高辛标记的 DNA 探针进行，敏感性高于传统组织病理学诊断法，适用于虾蟹等 DIV-1 易感宿主组织细胞的感染程度及病毒扩增状况评估和疾病确诊。

（3）PCR 检测法。通过 PCR 检测特定基因。适用于虾蟹等易感宿主、环境生物和饵料生物的各种样品以及其他非生物样品中 DIV-1 的定性或定量检测，具有灵敏度高、特异性强的特点，可以用于病原筛查和疾病确诊。

6 防控

6.1 预防

对苗种场、良种场实施防疫条件审核、苗种生产许可管理制度。

加强疫病监测与检疫、掌握流行病学情况。可通过培育或引进抗病品种、切断传染源以及加强饲养管理等综合措施控制本病。

池塘在养殖前进行清池，尽可能彻底清淤，然后进行消毒；选择健康虾蟹作为亲本；培养健康苗种；控制放养密度，合理用水、培好水色、保持优良水质。

养殖池塘中适当混养一些肉食性的鱼类；池中接种和培养益生菌，也可净化水质，预防病害。

在养殖池附近有疫病流行时，应停止从海区引水，将池塘中的水与蓄水池中的水循环使用。

6.2 处理

无疫区内禁止检疫阳性亲虾和苗种的引入。

新疫区内检疫阳性的亲虾和苗种应扑杀并消毒。

老疫区内检疫阳性亲虾应隔离，检疫阳性苗种应仅在本地使用，禁止用于繁殖育苗、放流或直接作为水产饵料使用。

6.3 划区管理

根据水域和流域的自然隔离情况划区，并实施划区管理。

虾肝肠胞虫病

（*Enterocytozoon hepatopenaei* disease，EHPD）

虾肝肠胞虫病，是由虾肝肠胞虫引起的对虾严重传染性疫病，近年在全球主要对虾养殖国家和地区暴发流行，一直严重威胁着世界对虾的养殖安全。该病的典型特点是患病对虾生长迟缓，但其感染一般不会造成对虾死亡。EHPD已成为养殖凡纳滨对虾的高发疾病之一。

1 病原学

病原为虾肝肠胞虫（*Enterocytozoon hepatopenaei*，EHP），在分类上属于肠孢虫科、肠胞虫属。

EHP成熟孢子由孢壁、锚定盘、孢原质、极丝、细胞核、极质体、核糖体和后极泡等构成。孢壁包括由蛋白质组成的孢外壁及由几丁质构成的孢内壁两部分，孢壁厚约12nm。极管和锚定盘是其感染宿主细胞的重要侵染装置。核为单倍型核，位于孢子中部。后极泡电子密度较低，位于与锚定盘相对的孢子末端。成熟孢子椭圆形，透射电镜下大小约为1.1μm×0.7μm。基因组大小约3Mb。

EHP在75℃ 1min或－20℃ 2h即可失活。$KMnO_4$溶液15mg/L处理15min、65%活性氯40mg/L处理15min、65%活性氯10mg/L处理24h或20%乙醇处理15min，均可100%抑制EHP孢子的活性。20mg/L次氯酸钙（90%活性氯）处理24h即可使水体中EHP失去感染性。

EHP侵袭的主要器官为肝胰腺，其次是中肠。

2 流行病学

自2009年在泰国斑节对虾上首次被发现并被正式命名为EHPD后，该病在亚洲多个国家迅速传播。近年来EHPD陆续在泰国、马来西亚、印度尼西亚、中国、印度、韩国、墨西哥、美国及委内瑞拉等国家的对虾养殖场暴发流行。我国最早于2013年在浙江台州养殖凡纳滨对虾中检出EHP。2022年韩国首次报道了该国的EHPD，并基于小亚基核糖体RNA（SSU rRNA）和孢壁蛋白（SWP）基因的系统发育分析，发现该国新分离EHP虫株与东南亚国家的EHP非常相似，怀疑它可能是从这些国家引进的。

EHP的水平传播已被广泛认可。EHP主要通过摄食途径，从口进入宿主消化系统，并在肝胰腺组织中增殖。共栖感染、口服孢子、浸泡含EHP的组织匀浆液等方式均可造成EHP的传播和感染。在养殖池塘中，EHP可以通过孢子或者宿主自相残食的行为在对虾各个养殖阶段进行迅速传播，不需要中间宿主。EHP还可在养殖池塘内的蜻蜓若虫和对虾之间进行水平传播。感染EHP的对虾在养殖水体中释放的孢子可以达到每升数百万个，受污染的养殖用水存放5d仍具有感染性，但在存放10d后便不再具有感染性。

EHP是否能够垂直传播尚存在争议，但被EHP感染的种虾可以通过向产卵池排放含EHP的粪便而实现水平感染子代。

主要养殖虾类中，已确定的EHP易感宿主有4种，包括斑节对虾、凡纳滨对虾、南美蓝对虾和罗氏沼虾。日本囊对虾可能也是EHP的易感宿主。EHP还可感染卤虫（*Artemia salina*），因而卤虫可能在其传播中发挥重要作用。除了虾之外，在鱿鱼、沙蚕、桡足类、卤虫卵、卤虫幼体、卤虫成体中均能检出EHP核酸阳性。

3 临床症状

低载量EHP感染通常不引起对虾出现明显临床症状和生长差异，但高载量感染（EHP SSU rDNA>10^3拷贝/ng）可引起对虾生长迟缓。患病个体生长速度可低于正常个体的50%，患病个体消瘦，尾节肌肉不饱满，体重比相同体长的未感染个体降低30%左右。患病对虾群体往往表现为个体大小差异明显，体长变异系数是正常群体的2.39倍，体重变异系数是正常群体的2.34倍。患病对虾由于能量供应不足而摄食量增加，常因摄食池底藻类和杂质而使肝胰腺颜色加深，肝胰腺及肠道等组织器官的病变情况肉眼不易观察到。

4 病理变化

EHP主要侵染对虾肝胰腺的上皮细胞，肝胰腺组织切片经Masson染色后，可见肝胰腺腔体缩小及变形。EHP孢子呈嗜酸性结构且限定在肝胰腺小管上皮中的R、B及E细胞的细胞质中，包括孢原质、原生质团、产孢原质团、孢子母细胞及成熟孢子这几个不同的发育阶段。EHP感染细胞的细胞质内可见大量染成红色的孢子，形状呈光滑椭圆形，多聚集分布。EHP其他增殖时期的菌丝体细胞呈嗜碱性。

5 诊断

5.1 初步诊断

根据当地流行病学及临床症状作出初步诊断，也可对疑似发病对虾肝胰腺中的 EHP 孢子进行湿涂片显微观察。确诊需要实验室诊断。

5.2 样品采集

样品采集的具体要求和数量参考《水生动物产地检疫采样技术规范》（SC/T 7103—2008）和《OIE 水生动物诊断试验手册》。在开展虾类疫病监测中，应考虑依据甲壳动物种群大小和发病与否等具体情况进行采样，尽量保证用于诊断的样品具有相关疫病的典型特征，出现临床症状时，应从活的或濒死动物中选取有代表性的病变样本，如体小、瘦弱、体色深的个体。解剖取样根据甲壳动物的大小适当选择，如对虾受精卵、幼体、仔虾及体长 3cm 以下稚虾以及卤虫、丰年虫等饵料生物样品，因个体较小，可选择取完整个体；而幼虾至成虾因个体较大，主要剖取肝胰腺。鉴于 EHP 在肝胰腺内并非均匀分布，建议将肝胰腺整体匀浆后用于检测分析，避免出现假阴性或高估或低估感染的严重程度。对于发病期的大个体虾，用于分子技术或基于抗体的技术合并采集的样本，每个混合样不超过 5 尾。现场采集的样本可保存在 3～10 倍体积的 95%乙醇中，然后进行后续的分子检测。

5.3 实验室诊断

5.3.1 组织及病理诊断

新鲜组织快速染色法。EHP 寄生的靶组织为肝胰腺，在相差显微镜下涂片可以直接观察到 EHP 孢子。为了更直观地观察孢子，涂片后可进行 HE、吉姆萨或甲苯胺蓝等染色。使用荧光增白剂染色，能快速、清晰地辨别涂片样本中是否存在孢子。

组织病理学诊断。特殊染色法中的 Masson 染色法，与常规 HE 染色相比，对孢子的染色效果较好，孢子与组织颜色对比鲜明，孢子颗粒感更清晰，能显著提高 EHP 的检出率。EHP 主要侵染对虾肝胰腺的上皮细胞，肝胰腺组织切片经 Masson 染色后，EHP 感染细胞的细胞质内可见大量染成红色的孢子，以及嗜碱性的 EHP 其他增殖时期的菌丝体细胞。该方法适用于发病对虾或其他敏感宿主的初步诊断。

电镜诊断。可在病虾肝胰腺的电镜切片观察到上皮细胞内的 EHP 孢子及不同发育时期的菌丝体。

5.3.2 病原分离鉴定

（1）PCR 检测法。常规普通 PCR 检测适用于发病样品或者携带高载量病原的样品；套式 PCR 检测适用于携带低载量病原的样品，如发病初期的样品；而 qPCR 因具有更高的检测灵敏度，可用于未发病样品中病原感染的早期预警。针对 EHP 的 PCR 检测方法，其检测引物或探针通常靶向 EHP 的 SSU rRNA、SWP1 或极管蛋白（PTP2）等基因。详细操作过程参照《虾肝肠胞虫病诊断规程》(SC/T 7232—2020)。

（2）LAMP 法。仅需在等温条件下即可快速扩增 EHP 的目标核酸，反应所需温度条件恒定，一个简单的水浴或恒温装置便可满足检测分析要求，无需昂贵的仪器进行热循环，非常适于在对虾池塘边开展 EHP 的现场检测。

（3）原位杂交法。利用特殊标记的外源核酸探针直接与组织或细胞上的目标核酸序列结合，形成核酸杂交分子，再经显色或显影检测技术予以显示，可直观识别组织中被病原侵染的细胞，感染越严重，杂交信号表达越强烈。该方法具有特异性强、灵敏度高、相对定量的特点，可以很好地评估病原在组织中的感染程度。

（4）RPA 检测法。可在 37～42℃的恒定温度下扩增 DNA，反应时间短，仅需 5～20min。与 LAMP 反应至少需要 3 对不同引物，RPA 只需要 1 对引物。RPA 技术的关键在于利用重组酶和单链结合蛋白（SSB）分子代替了传统 PCR 中的扩增步骤（以模板 DNA 进行的扩增）。

5.4 鉴别诊断

引起对虾生长缓慢的病害还包括传染性皮下和造血组织坏死病和偷死野田村病毒病。因此，对生长迟滞的对虾进行诊断时，应注意 EHPD 与上述两种病毒病的区别。

6 防控

6.1 预防

（1）加强疫病监测与检疫，掌握 EHPD 流行病学情况。

（2）国内外尚无有效治疗虾类 EHPD 的商品化药物。因此，良好的生物安保措施对养殖场预防该病害非常重要，养殖场应加强对种苗、饵料、养殖用水、用具和养殖操作人员的管理，对投入品进行严格的 EHP 检测，防止将 EHP 引入养殖场。

（3）对苗种场、良种场实施防疫条件审核、苗种生产许可管理制度。

（4）做好抗病亲虾的选育和健康苗种的培育，推广使用无 EHP 病原种苗。

（5）建立良好的对虾养殖生态环境，定期消毒水体，加强发病高峰前的消毒预防。

6.2 处理

无疫区内禁止引入阳性对虾亲本和苗种。

新疫区内检疫阳性的亲本和苗种应扑杀并消毒。

老疫区内对检疫阳性对虾就地加石灰深埋。有发病史的对虾禁止用于育苗、放流或直接作为水产饵料。染疫水体、用具要充分消毒。

6.3 划区管理

根据水域和流域的自然隔离情况划区，并实施划区管理。

三类动物疫病

鱼类病（11种）

真鲷虹彩病毒病

(Red sea bream iridovirus disease，RSIVD)

1 病原学

WOAH将真鲷虹彩病毒（Red sea bream iridovirus，RSIV）和传染性脾肾坏死病毒（Infectious spleen and kidney necrosis virus，ISKNV）基因型的虹彩病毒定为RSIVD的致病病原。RSIV和ISKNV均属于虹彩病毒科、细胞肿大病毒属成员。病毒粒子在电镜下呈六边形，正二十面体；病毒粒子的直径180～200nm，具有圆形的中心核和电子半透明区，核衣壳直径120～130nm，有囊膜。病毒基因组为双链线状DNA，基因组110.104～112.636kbp，GC含量53%～55%。两种基因型病毒MCP的分子质量约为50ku，占病毒粒子可溶性蛋白90%；与肿大细胞病毒属成员*MCP*基因的相似性超过90%，与不同属虹彩病毒成员的*MCP*基因相似性为40%～50%。RSIV和ISKNV基因型病毒的DNA复制发生在细胞质和细胞核内，病毒的装配在细胞质中进行。

RSIV型病毒可以进一步分为两个亚集群：RSIV Ehime-1所属的基因1型和包括日本发现的其他主要RSIV毒株的基因2型（如RSIV U-1株）。RSIV Ehime-1株病毒包含116个推定的ORF，而RSIV-Ku株的基因组长度为111.154kbp，包含132个推定的ORF，除了58 981～66 830区域序列外，同源性接近ISKNV。对于大多数RSIV，病毒ORF是非重叠的，并且都无内含子。RSIV编码基因分为两类，一类为所有虹彩病毒共有的基因（约30个基因），包括主要衣壳蛋白（MCP）、病毒DNA聚合酶、病毒RNA聚合酶的两个最大亚基、XPG/RAD2家族基因和DMT等；另一类为RSIV特有基因（86个基因）。病毒粒子在CsCl中浮密度为1.16～1.35g/mL。氯仿、乙醚和碘脱氧尿苷处理均能破坏RSIV的感染性；病毒在酸性（pH 3.0）和热（56℃，30min）条件下不稳定。有文献报道：15℃环境海水中的RSIV感染性可维持7d。

RSIV的靶器官是鱼类的脾脏、肾、心脏、肝脏和鳃，而ISKNV主要感染鳜的脾脏和肾脏。

2 流行病学

RSIVD是目前各国海水养殖中危害最为严重的疾病之一。20世纪90年代该病首次在日本四国真鲷养殖场暴发后，逐渐蔓延到日本西部海水养殖场，引起真鲷鱼苗的大量死亡。在日本，RSIV感染鱼类包括鲈形目、鲽形目、鲀形目的海水鱼类。1998年以来，韩国的不同水产养殖场也报告了这种疾病。我国南部养殖海水中也发生过RSIVD。在泰国养殖点带石斑鱼（*Epinephelus malabaricus*）中也有RSIV感染的报道。在我国养殖的花鲈、大黄鱼中也分离鉴定到RISV，其中大黄鱼中分离到的真鲷虹彩病毒属于RSIV基因1型。目前已知的RSIV易感鱼类有真鲷、五条鰤（*Seriola quinqureadiata*）、鲈（*Lateolabrax* spp.）和条石鲷等。除了养殖鱼类外，RSIV在多种观赏鱼中也被分离鉴定出，包括三湖慈鲷（*Chromide cichlid*）和橘子鱼（*Etroplus maculatus*）。目前已有40多种养殖海洋鱼类出现了RSIVD，养殖场的死亡率为20%～60%。WOAH将RSIVD列为需通报的疫病。

RSIV和ISKNV基因型病毒主要感染仔鱼和幼鱼，对成鱼也有一定的影响。发病与水温有明显的关系，发病高峰主要在夏季，水温25～32℃时易发病。有研究报道，死亡率、水温和RSIV感染之间存在明显的相关性，养殖水温通过直接改变病毒复制和间接增强宿主免疫反应的效力，影响鱼类病毒感染的发生率和严重程度。RSIVD的主要传播方式是水平传播，在观赏鱼中细胞肿大虹彩病毒主要通过受污染的水、接触感染的鱼及摄入感染鱼的排泄物等方式进行水平传播。

3 临床症状

患病海水鱼游泳缓慢无力、昏睡，反应迟钝，呼吸困难，体色变黑、无明显体外的临床症状。感染期间累计死亡率20%～60%。解剖检测可见严重贫血、鳃瘀斑和脾脏明显肿大。

患病鳜头部充血，口四周和眼部出血。解剖可见鳃丝发白，肝脏肿大发黄，肾脏发白，脾脏肿胀发黑。

4 病理变化

海水鱼最显著的组织病理学特点：肾脏和脾脏的造血组织大量坏死和出血，胰腺坏死。脾脏、心脏、肾脏、肝脏和鳃中的细胞增大，当用吉姆萨染色时显示嗜碱性特征。这些增大的细胞被称为包涵体携带细胞（inclusion body-bearing cells)，肿大细胞的出现是RSIVD典型的病理特征。

鳜组织病理变化是脾脏和肾脏细胞肿大，感染细胞肿大形成巨大细胞，胞质内含有大量的病毒粒子。

5 诊断

RSIVD的诊断可以参考国家标准《真鲷虹彩病毒病诊断规程》(GB/T 36191—2018)。

5.1 初步诊断

根据病鱼典型的临床症状作出初步诊断，如嗜睡、脾脏和肾脏肿大等。

5.2 样品采集

采集患病或濒死的10尾病鱼，取脾和肾（特别是脾）。

5.3 实验室诊断

（1）组织悬液染色涂片。制作吉姆萨染色的脾脏组织悬液印迹涂片，观察是否有肿大细胞，该方法通常用于快速诊断RSIV感染。但该方法仅提供了一个推定诊断，并不能确认RSIV的存在。

（2）组织学检测。针对病鱼脾脏和肾脏进行组织切片，显微镜观察病鱼组织中异常的肿大细胞是否呈嗜碱性。

（3）病毒分离。疑似RSIV病毒感染的样品可接种到真鲷背鳍细胞系（RSBF-2）、斜带石斑鱼鳍细胞系（GF-1）、金鲳脑细胞系（SPB）、斜带石斑鱼脑细胞系（GBC-4），25～28℃培养进行病毒分离。疑似ISKNV病毒感染的样品可接种到鳜仔鱼细胞系（MFF-1）和鳜脑细胞系（CPB），25℃培养后进行病毒分离。随后，通过超薄切片制样电镜观察感染细胞中的病毒粒子，或利用PCR或IFT进行鉴定。

（4）病原检测。也可通过PCR、IFT、LAMP或qPCR对组织样品进行病原检测。ISKNV的检测方法可以参考水产行业标准《传染性脾肾坏死病毒检测方法》(SC/T 7211—2011）进行诊断。

5.4 鉴别诊断

鳜暴发性出血病与真鲷虹彩病毒病的鉴别主要根据感染对象不同加以区别。

6 防控

对苗种场、良种场实施防疫条件审核、苗种生产许可管理制度，引入无病原苗种。加强疫病监测与检疫，掌握流行病学情况。使用商品化疫苗免疫接种，针对鰤属鱼类、真鲷、赤点石斑鱼等的 RSIV，可通过接种日本商品化的虹彩病毒灭活疫苗（2010 年）进行免疫预防。针对鳜 ISKNV，通过接种鳜传染性脾肾坏死病灭活疫苗（NH0618）株进行免疫预防。通过培育或引进抗病品种，提高抗病能力。加强饲养管理，对水源、养殖设施、引进苗种和投喂饲料进行严格消毒，切断传染途径。投喂免疫增强剂（多糖、多肽、多种维生素）等以降低感染率。

传染性胰脏坏死病

(Infectious pancreatic necrosis，IPN)

传染性胰脏坏死病是鲑、鳟的高度传染性疾病。我国动物疫病名录中将其列为三类动物疫病。

1 病原学

IPN病原为传染性胰脏坏死病毒（Infectious pancreatic necrosis vivus，IPNV），属于双链RNA病毒科、水生双链RNA病毒属。IPNV是无囊膜的二十面体颗粒，直径60～65nm，衣壳内包有2个片段的双链RNA基因。

水生双链RNA病毒属中的分离株分为9种有交叉反应的血清型，后又根据VP2序列的相似性定义了6个基因组，它们之间的对应关系见表1。不同IPN病毒株对鳟的毒力相差很大。国际上公认的强毒株就是欧洲的Sp株（即A2血清型或基因5型）和美洲的VR299株（即A9血清型或基因1型）。

表1 IPNV的血清型和对应的基因型

血清型	A1 (WB)	A2 (Sp)	A3 (Ab)	A4 (He)	A5 (Te)	A6 (C1)	A7 (C2)	A8 (C3)	A9 (VR299)
基因型	基因型1型	基因型5型	基因型3型	基因型6型	基因型4型	基因型4型	基因型2型	基因型2型	基因型1型

IPNV对环境因素的抵抗力极强，是已知鱼类病毒中最稳定的。其感染力在水中可保持230d以上，在泥浆中可保持210d，在完全干燥时也长达4周。但用200mg/L的有机碘、2%的氢氧化钠和紫外线处理可以使该病毒灭活。

2 流行病学

1957年Wolf第一次报道分离到IPNV，这也是人类第一个分离到的鱼类病毒。IPN流行于欧洲、亚洲和美洲各国，但只在人工养殖条件下流行。在我国山西、山东、甘肃、北京、云南、青海以及东北等虹鳟产地先后检出过IPNV。

IPNV感染宿主范围非常广，包括圆口动物、贝类、甲壳类和蛇等至少25种宿主，在我国主要引起人工养殖的虹鳟（包括金鳟）鱼苗生病和死亡。其他生物感染后无临床症状，只是IPNV的携带者与传播者。

IPN发病死亡率与病毒的毒力、水温和鱼龄有关，从10%以下到90%以上不等，在条件恶劣时损失可达100%。疾病流行过后，症状消失了的鱼仍处于带毒状态，会传播病毒。

5月龄内虹鳟易感，死亡率随年龄增长而逐渐降低，5个月以上的鱼一般就不再发病。这些鱼经过1次无症状的感染后并产生抗体，而病毒与抗体在其体内同时存在并持续多年。

水温对IPN的发病及死亡率影响大。水温10～14℃时为发病高峰，8℃以下或16℃以上时几乎不发病。

病毒通过水平和垂直传播，入侵门户可能是鳃。未发现昆虫媒介。

3　临床症状

病鱼苗首先表现为日死亡率突然上升并逐日增加，病鱼作螺旋状运动，体色发黑，眼突出，腹部膨大，皮肤和鳍条出血。肠内无食物而且充满了黄色黏液，胃幽门部出血。

4　病理变化

组织切片可见胰腺组织坏死，黏膜上皮坏死，肠系膜、胰腺泡坏死。

5　诊断

5.1　初步诊断

虹鳟（包括金鳟）在18℃以下尤其是10～14℃时出现临床症状，据此作出初步诊断。

5.2　样品采集

应在水温低于18℃时进行，凡出现病死鱼或行为异常鱼的养殖单元（流水池、网箱等），都应进行检查。

样品需采集活的易感鱼类，并尽可能采集具有疾病症状的易感鱼。运送过程充氧以保持鱼的存活并尽快送至实验室。取组织样品的需要在4℃冷藏，并在24h内送至实验室。

无临床症状的鱼，每个场采集 150 尾（粒）；具有临床症状的鱼，采集 20～30 尾。

体长≤4cm 的可采集整尾鱼，带卵黄囊的鱼应去除卵黄囊；体长 4～6cm 的，取内脏（包括肾）；体长>6cm 的鱼，采集肝、脾、肾和脑；亲鱼可采集卵巢液和精液；受精卵则取卵膜。

5.3 实验室诊断

目前 IPNV 诊断检测主要有细胞分离病毒、分子生物学方法以及免疫学方法。可参考现有国家标准《鱼类检疫方法　第 1 部分：传染性胰脏坏死病毒（IPNV）》（GB 15805.1—2008）。即用大鳞大麻哈鱼胚胎细胞（CHSE）、人巨细胞肺癌细胞（PG）、虹鳟性腺细胞（RTG-2）细胞系分离病毒，病鱼组织接种细胞在（18±2）℃时培养，出现明显的 CPE（细胞破碎、崩解）后再用 VN 或 ELISA 方法进一步鉴定。

推荐在 IPNV 检测中先使用 CHSE 培养，连传 2 代，有 CPE 的，再用 RT-PCR 或 RT-qPCR 方法鉴定。这样至少可以把国内的 IPN 2 个流行株（基因 1 和 5 型）都检测出来，但不能确认 IPNV 的血清型。

5.4 鉴别诊断

IPN 与传染性造血器官坏死病在主要易感宿主、流行水温、临床症状等方面类似，应进行区分。

6 防控

IPNV 具有以下特点，一是非常稳定，对环境的抵抗力极强，在水中能存活 1 年以上，且有非常广泛的宿主。因此一旦发生 IPN 后，要彻底消灭病毒、恢复无病状态很难。二是 IPNV 对 5 个月以上的虹鳟鱼苗几乎没有威胁。对检出病毒的成鱼养殖场采取的主要措施之一是防止病毒扩散到其他场，以免最后波及苗种场。三是 IPNV 对 3 月龄以内的虹鳟鱼苗有极强的杀伤力，有时候能达到 90%以上的死亡率，导致无法提供足够的苗种，严重影响虹鳟养殖业。综上几点，应将 IPN 防控重点放在苗种场和苗种的管控上，稳定虹鳟苗种供应。

控制 IPNV 进入苗种场，主要采取严格管理、检疫和卫生消毒措施。对苗种场、良种场实施“无规定疫病苗种场”管理制度。

加强对国家级原良种场、省级原良种场、引育种中心、重点苗种场等重点单位的监测，一年强制抽检 2 次；加强水产苗种产地检疫工作，掌握疫情动态。检测结果阳性的场，不得对外销售苗种，需有相应的防控措施，要接受主管部门定期检查。

将受精卵彻底消毒，置于无病毒污染水体中孵化。

牙鲆弹状病毒病

(Hirame rhabdovirus disease)

牙鲆弹状病毒病是由牙鲆弹状病毒（Hirame rhabdovirus，HIRRV）引起的鱼类流行病，以鳍条发红、充血和出血及内脏器官出血为特征。

1 病原学

2000年国际病毒学分类委员会（ICTV）第7次报告中，正式把HIRRV列为弹状病毒科的1个新属——粒外弹状病毒属。HIRRV属于单股负链病毒目、弹状病毒科、粒外弹状病毒属。

2 流行病学

HIRRV主要感染海水鱼类，于1984年在日本兵库县的日本牙鲆中首次分离，1997年在韩国南部海域的发病牙鲆中也分离到了该病毒。

我国2007年从患病牙鲆中分离鉴定了一株弹状病毒。2008年，在山东荣成某鱼苗场的石鲽中检测到了牙鲆弹状病毒核酸，并通过EPC和FHM细胞系分离到病原，经过对理化特性、生物学特性进行鉴定，确认为牙鲆弹状病毒，命名为牙鲆弹状病毒山东株。

2013年，波兰学者在患病河鳟中分离到一株HIRRV。2015年，从山东的患病牙鲆中分离到一株弹状病毒，通过细胞分离培养、电镜观察、电泳、分子生物学等技术，将该病毒鉴定为牙鲆弹状病毒，并命名为CNPo2015株。

HIRRV的发病与水温密切有关，疾病主要发生在冬季和早春的冷水地区，水温8～10℃时出现发病高峰，而水温高于15℃时，症状有减缓的趋势。当水温高于18℃时，鱼体则不表现出临床症状。

3 临床症状

患病牙鲆体色变黑，动作缓慢，静止水底或漫游于水面，鱼鳍发红，鳍充血或出血，腹部膨胀，腹腔内充满浅黄色的腹水，内脏器官充血，最后引发全身性的病毒血症。

4 病理变化

肌肉、鳍基部可见点状出血，生殖腺充血，脑出血；肠管黏膜固有层、黏膜下肌肉层充血、肿胀，胃黏膜上皮、黏膜下肌肉层显著充血，脾脏肿大；脾脏内实质细胞坏死；肾脏造血组织坏死，细胞核固缩、破碎，细胞质崩解，间质模糊，呈现病理性色素沉着；肾小管上皮崩解、坏死，黑色素大量沉积；肝脏毛细血管扩张、充血，肝脏实质细胞变性、坏死。肝脏实质细胞体积肿大，细胞质疏松，出现空泡，为水样变性，部分地方可见嗜酸性小体；鳃丝上皮细胞坏死脱落。

5 诊断

5.1 初步诊断

主要根据临床症状初步诊断。

5.2 样品采集

有临床症状的鱼，体长＜3cm 的鱼苗取整尾鱼后，去头和尾；体长 3～6cm 的鱼苗取内脏（包括肾）；体长＞6cm 的鱼则取脑、肾和脾。无临床症状的鱼取脑、肾和脾。

5.3 实验室确诊

牙鲆弹状病毒确定的检测方法主要包括细胞学方法、免疫学方法和分子生物学方法。其中细胞学方法是将病毒样品接种至 RTG-2、FHM、EPC 等病毒敏感细胞系，收集病变细胞进行超薄切片或通过超速离心提纯病毒，利用电镜可观察到成熟病毒粒子的形态呈子弹状。免疫学方法和分子生物学方法可根据《牙鲆弹状病毒病检疫技术规范》（SN/T 2982—2011）分别采用 ELISA 和 PCR 检测。

5.4 鉴别诊断

HIRRV 的易感宿主广泛，可感染牙鲆、香鱼、石鲽、河鳟、花鲈、黑鲷、真鲷、平鲉、虹鳟等多种经济鱼类，不同鱼类感染的症状会有所差异。

6 防控

亲鱼和鱼苗应严格检疫；控制养殖密度，优化养殖环境，发现病鱼及时隔离；平时尽量保持水温、盐度稳定，确保水质良好；孵化用水经紫外线消毒处理后再使用；受精卵孵化前用每立方米含25g聚维酮碘溶液（含有效碘10%）的水药浴15min；提高养殖水温至15℃以上，可有效地防止此病的发生。

鱼爱德华氏菌病

(Edwardsiella disease of fish)

爱德华氏菌病是由迟缓爱德华氏菌（*Edwardsiella tarda*）、杀鱼爱德华氏菌（*Edwardsiella piscicida*）、鳗爱德华氏菌（*Edwardsiella anguillarum*）、鮰爱德华氏菌（*Edwardsiella ictaluri*）、保科爱德华氏菌（*Edwardsiella hoshinae*）引发的鱼类重要病害。在我国，对爱德华氏菌最易感的养殖鱼类品种为大菱鲆、牙鲆、海鲈、鳗鲡、黄颡鱼、罗非鱼、斑点叉尾鮰。对海水鱼危害最为广泛和严重的是杀鱼爱德华氏菌和迟缓爱德华氏菌，而对淡水鱼危害最为广泛和严重的是鮰爱德华氏菌和迟缓爱德华氏菌。

1 病原学

迟缓爱德华氏菌、杀鱼爱德华氏菌、鮰爱德华氏菌和保科爱德华氏菌，均隶属变形菌门、γ变形菌纲、肠杆菌目、肠杆菌科、爱德华氏菌属。它们均为革兰氏阴性、兼性厌氧短杆菌，具鞭毛，运动或非运动，最适生长温度25～30℃，适宜pH 5.5～9.0，在盐度范围0～4的培养基中可以生长。

2 流行病学

爱德华氏菌病是鱼类最为重要的一种细菌性病害。该病害主要在环境条件失衡时诱发，如水温升高、水质恶化、水体富营养化导致高有机溶质等。该病在水温15℃时易发生，20～25℃时为流行高峰。全年均可发病，其中以夏季为主。发病鱼龄覆盖仔鱼至2龄成鱼，1龄期以内易感多发。一旦感染，发病率可达90%以上，1周内累计死亡率可达50%以上。

迟缓爱德华氏菌可感染日本鳗鲡、欧洲鳗鲡、牙鲆、大菱鲆、斑点叉尾鮰、尖吻鲈、大口黑鲈、欧洲舌齿鲈、胭脂鱼、尼罗罗非鱼、虹鳟、大鳞大麻哈鱼、美洲红点鲑、黄体鰤、鲤、蟾胡子鲇、远东鲇、卡特拉鲃、南亚野鲮等多种淡水和海水鱼类，以及无脊椎动物、两栖动物、爬行动物、鸟类和哺乳动物，是一种人畜共患病病原。鮰爱德华氏菌可感染斑点叉尾鮰、犀目鮰、云斑鮰、蟾胡子鲇等鲇形目鱼类和日本鳗鲡、斑马鱼、玫瑰无须鲤、蓝色弓背鱼等非鲇形目鱼类。杀鱼爱德华氏菌可感染大口黑鲈、尖吻鲈、白鲑、欧洲鳗鲡、真鲷、斑点叉尾鮰、大菱鲆等鱼类。保科爱德华氏菌可感染斑点叉尾鮰及爬行动物和鸟类等。

3 临床症状

患病鱼最初表现为异常游动（如旋转游动或漂浮到水面）。典型的外观临床症状表现为体表色素脱失、眼球突出、眼睛混浊不透明、腹部肿胀凸起、鱼鳍和皮肤出现点状出血及脱肛等。有些病鱼背部外侧可见出血点、皮肤脓肿、侧线增生、坏死性炎症。剖检常见腹腔腹水（有时带血水），肝、脾、肾充血。感染迟缓爱德华氏菌的病鱼，发病初期体表外侧可见直径 3～5mm 的皮肤损伤；严重时，胸腹和尾柄部肌肉可见溃疡，且病灶迅速扩大，形成隆起肿胀的气肿，内部充满恶臭气体，坏死的组织可填满空洞 1/3。鮰爱德华氏菌感染可分为急性型和慢性型。急性型患病鱼体表、肌肉可见细小充血、出血和积液，腹部膨大。解剖可见腹水，肝水肿、质脆，有出血点和灰白色坏死斑点；脾、肾肿大并出血；胃膨大；肠道扩张，充血发炎，肠腔内充满气体和淡黄色水样黏液，黏膜水肿、充血。慢性型患病鱼游动缓慢，食欲不振，浮于水面，有时以头上尾下姿势悬停于水中，并伴有打转或狂游；病灶周围褪色，两眼间出现一条纵向溃疡灶，并逐渐加深露出头骨，在头部形成一个开放性的溃疡。感染保科爱德华氏菌的斑点叉尾鮰主要症状是鱼体消瘦、体表溃烂、鳍条充血、眼球突出，解剖可见肝脏萎缩、有白色坏死灶等。

4 病理变化

组织病理学典型特征为化脓性间质性肾炎、化脓性肝炎、化脓性脾脏炎症；肝、脾、肾可见大小不一脓肿，细菌定殖，中性粒细胞和巨噬细胞浸润。鳗感染迟缓爱德华氏菌后可见肝组织有多发性坏死灶、巨噬细胞聚集、肝细胞变性坏死，慢性感染时肝组织纤维化，细胞间质增宽，肝脏中央静脉血管壁扩张；急性感染时肾脏的肾小管上皮细胞空泡化。保科爱德华氏菌感染斑点叉尾鮰造成肝细胞颗粒变性和水样变性，肝细胞肿大，细胞核肿大，悬浮在中央，部分肝细胞的核浓缩、破裂、溶解消失等。

5 诊断

鱼爱德华氏菌病的诊断可参考《迟缓爱德华氏菌病检疫技术规范》（SN/T 5188—2020）和《斑点叉尾鮰爱德华氏菌病诊断方法》（DB51/T 2353—2017）。不同品种的鱼患病后，其临床症状表现出较大差异，应按照不同品种进行科学诊断。

5.1 初步诊断

根据临床症状初步诊断。

5.2 样品采集

选取有典型症状的濒死或刚死病鱼，在无菌条件下解剖，从肌肉、坏死组织及肝、脾、肾、眼球等取组织样品，接种于脑心浸液琼脂、血琼脂等培养基上进行细菌分离培养。

采集患病鱼的坏死灶和肝、脾、肾、眼球等部位的组织样品，用福尔马林、中性组织固定液等固定，进一步开展病理分析。

5.3 实验室诊断

根据《迟缓爱德华氏菌病检疫技术规范》（SN/T 5188—2020）、《鱼类爱德华氏菌检测方法第 1 部分：迟缓爱德华氏菌》（SC/T 7214.1—2011）和《斑点叉尾鮰爱德华氏菌病诊断方法》（DB51/T 2353—2017），从患病鱼的肝、脾、肾等组织样品中分离细菌，进行纯化培养，对分离菌株进行生理生化鉴定与分析，如革兰氏染色、溶血活性、糖类发酵试验和酶活试验等。提取组织样品中的细菌基因组 DNA，通过特异 PCR、qPCR 等方法进行鉴定；或者 PCR 扩增细菌的 16S rRNA 基因，测序后通过序列比对分析确定分离菌株的种属分类地位。

5.4 鉴别诊断

鱼类感染迟缓爱德华氏菌与感染嗜水气单胞菌、鳗弧菌的症状和病理特征比较相似，因此，应进行细菌分离与鉴定，通过生理生化或分子生物学的方法对疑似病例进行确诊。

6 防控

6.1 预防

（1）做好养殖池溏底部的清淤消毒，最好 1～2 年清淤 1 次，放苗前使用含氯石灰按 20g/m^{3}对池塘水体进行消毒。

（2）避免养殖密度过大，避免鱼体受伤，及时杀灭鱼体体外寄生虫，投喂优质饲料。

（3）进行苗种的疫苗免疫，如使用大菱鲆迟钝爱德华氏菌活疫苗株

（EIBAV1 株）或者牙鲆鱼溶藻弧菌、鳗弧菌、迟缓爱德华氏菌病多联抗独特型抗体疫苗进行免疫预防。

（4）注意巡塘，早晚各 1 次以上，发现病鱼，应及时送实验室检测，早发现早治疗。发现死鱼，应及时捞出，加生石灰无害化处理。

（5）保持水质优良稳定，加强饲料管理，拌饵投喂免疫增强剂（维生素 C）以降低感染率。发病季节，可通过全池泼洒含氯石灰消毒水体预防该病。

6.2 治疗

（1）采用低毒、低残留、易降解的药品消毒水体。不同规格、养殖品种对外用消毒剂敏感性不同，确认鱼体安全后，可外泼含氯石灰或三氯异氰脲酸粉溶液，也可外泼 10％聚维酮碘溶液或中草药制剂药液。

（2）根据药敏试验结果，在执业兽医师的指导下采用符合国家法规的药物进行治疗，如氟苯尼考粉、恩诺沙星粉、盐酸多西环素粉等抗菌药物。

链 球 菌 病

(Fish streptococcosis)

鱼类链球菌病具有眼球突出、脑膜炎、游动异常等典型临床症状。在我国，链球菌易感的主要养殖品种有罗非鱼、卵形鲳鲹、黄颡鱼、大口黑鲈、鞍带石斑鱼、斑点叉尾鮰和杂交鲟等。

1 病原学

水产动物链球菌病是主要由无乳链球菌、海豚链球菌、停乳链球菌、副乳房链球菌等细菌感染引起的疾病。其中，无乳链球菌最为常见，其感染的水产动物种类繁多，危害较为严重；海豚链球菌次之，该菌常见的感染对象是海水或半咸水养殖鱼类；停乳链球菌和副乳房链球菌感染的病例报道相对较少，其危害相对较轻。上述链球菌隶属乳杆菌目、链球菌科、链球菌属，菌体大多呈球形，直径为 0.5～2.0μm，排列成链状，革兰氏阳性。

无乳链球菌具有 α（草绿色溶血）、β（完全溶血）和 γ（不溶血）溶血活性，其中最常见的是 β 溶血。无乳链球菌在脑心浸液（Brain heart infusion，BHI）培养基或者脱脂绵羊血琼脂平板上生长良好，适宜生长温度 10～45℃，最适生长温度 28～37℃，最适生长盐度 0.85～3.5，最适生长 pH 6.8～7.6。无乳链球菌在脱脂绵羊血琼脂平板上的菌落呈现为边缘整齐、表面光滑湿润、圆形、乳白色、微隆起的形态，单个菌落直径为 0.5～2.0mm。然而，也有些无乳链球菌（如 1b 型）在脱脂绵羊血琼脂平板上形成不溶血、黏液状菌落。海豚链球菌在血琼脂平板上形成白色、圆形、光滑的菌落，呈 α 溶血或 β 溶血，在光学显微镜下呈革兰氏阳性链状排列的球菌，在液体培养基中能够形成长链。该菌有荚膜、无鞭毛，不具运动性，不能形成芽孢。停乳链球菌可分为停乳链球菌类马亚种（*Streptococcus dysgalactiae* subsp. *equisimilis*）和停乳链球菌停乳亚种（*Streptococcus dysgalactiae* subsp. *dysgalactiae*）。停乳链球菌停乳亚种为 α 溶血，在血琼脂平板培养 24h 后形成灰白色、针尖大小、边缘整齐的菌落，脑心浸液培养基液体培养初期呈均匀混浊，培养后期有颗粒状沉淀。

2 流行病学

海水和淡水养殖鱼类均可感染链球菌，由此引起的链球菌病全年均有发生，通常水温在 25～35℃时为流行高峰期，高于 28℃为暴发期。无乳链球菌感染的主要鱼类有鲱、硬头海鲇、条纹胭脂鱼、兔牙鲷、大西洋黄鱼、黄貂鱼、银鳟、胭脂鱼、金头鲷、银鲳、卵形鲳鲹、齐口裂腹鱼、鞍带石斑鱼、宝石鲈、虹鳟、斑点叉尾鮰、大口黑鲈、杂交条纹鲈、罗非鱼、鳙、鲮、梭鲈、红尾黄冠鱼、大鳞副泥鳅和黄河裸裂尻鱼等。海豚链球菌感染的主要鱼类有尖吻鲈、眼斑拟石首鱼、银鼓鱼、罗非鱼、花鲈、斑点叉尾鮰、西伯利亚鲟、杂交鳢、半滑舌鳎、黄鳍鲷、黄颡鱼、小黄鱼和卵形鲳鲹等。停乳链球菌停乳亚种感染的我国养殖鱼类主要有西伯利亚鲟、俄罗斯鲟和三角鲂等。

鱼源无乳链球菌流行株主要有 3 种分子血清型，即 1a、1b 和 3 型。近年来我国罗非鱼源无乳链球菌流行 6 种基因型菌株，其中基因 5 型和 6 型菌株流行最广泛。我国鱼源海豚链球菌主要流行 2 种生物型（血清型）菌株，即 1 型和 2 型，四川地区鲟源海豚链球菌主要有 4 种基因型。

3 临床症状

患病鱼离群独自漂浮于水面，有时旋转游泳后再沉入水底，或静止于水底，食欲丧失，弯曲呈 C 形或逗号样，体色发黑，体表黏液增多，眼球突出、混浊、周围充血，吻端发红，鳃盖内侧发红、充血或强烈出血。水温较低时鳍发红、充血或糜烂，体表局部特别是尾柄糜烂或有带脓血的疖疮。解剖可见肝、脾、肾或肠有点状出血，肝脏因出血和脂肪变性而褪色，甚至破损。

4 病理变化

组织病理变化主要表现为：典型的脑膜炎，小胶质细胞增生，脑血管内易形成微血栓；肝脏细胞空泡变性，肝周隙炎性细胞浸润、坏死；肾间质出血，肾小管上皮细胞坏死，管腔内蛋白渗出；心肌炎性水肿，心外膜增厚伴随炎症细胞浸润；脾脏败血性病变，呈多灶性坏死；鳃丝上皮细胞脱落，基部细胞增生，鳃静脉扩张、充血；肠道固有层炎症反应。有些罗非鱼发生慢性无乳链球菌感染的现象，体表症状不明显，但靠近尾部肌肉会出现黄色或暗红色结节，呈现典型的肉芽肿病理学变化。

5 诊断

5.1 初步诊断

可根据眼球突出，鳃盖内侧出血，神经性运动（离群漫游、间歇性打转、身体C形弯曲），脑膜充血，胆囊、脾脏和肾脏肿大等典型症状进行初步诊断。

5.2 样品采集

采集患病鱼的脑、肝、脾、肾等组织样品，划线于血平板或脑心浸液琼脂平板进行细菌的分离培养；或者采集上述组织进行涂片，经革兰氏染色，镜检观察是否有革兰氏阳性链状球菌；或者采集上述组织样品后提取基因组DNA，通过分子生物学方法检测病原菌。

5.3 实验室诊断

对分离的细菌进行分子检测。提取分离的细菌或病鱼组织样品的核酸，然后利用特异PCR、LAMP、qPCR等分子生物学检测方法检测病原菌；还可以通过PCR扩增分离菌株的16S rRNA基因并测序，然后进行序列比对分析，以确定分离菌株的分类地位。

5.4 鉴别诊断

鱼体（如罗非鱼和卵形鲳鲹等）感染海豚链球菌和无乳链球菌的临床症状相似，并且简单的组织涂片镜检也不能加以区分两种细菌，这时可以通过病原分离，并进行分子生物学检测进一步确定病原种类。有些鱼体（如罗非鱼和大口黑鲈等）感染链球菌和爱德华氏菌都有眼球突出这一典型临床症状，这时可以通过镜检细菌形态进行快速判断，也可以将分离后的病原进行分子生物学检测后进一步确诊。

6 防控

目前国内没有可使用的鱼用链球菌疫苗，可通过引入无病原苗种，对水源、养殖设施、引进苗种和投喂饲料进行严格消毒，控制养殖密度，保持水质优良稳定，加强饲料管理，投喂适量饲料和免疫增强剂（维生素C、免疫多糖、酵母细胞壁），加大水体交换，增加水体溶解氧等措施降低感染率。可使用含氯消毒剂进行水体消毒，预防链球菌病的传播。可使用黄连、黄芩、五倍子等中草药拌料饲喂，具有较好的预防效果。发病初期可通过拌料饲喂氟苯尼考粉、盐酸多西环素粉、恩诺沙星粉等药物进行治疗。

细菌性肾病

(Bacterial kidney disease，BKD)

细菌性肾病是一种典型的慢性传染病，累计死亡率很高，常给鲑，尤其是大麻哈鱼（太平洋鲑）的养殖造成巨大损失，且目前尚无有效的治疗药物。在我国是新发动物疫病，三类动物疫病。

1 病原学

病原是鲑肾杆菌（*Renibacterium salmoninarum*），是肾杆菌属的唯一种。属细胞内寄生菌。肾杆菌为形状规则的短杆菌，菌体大小在（0.3～1）μm×（1.0～1.5）μm，常成对排列，偶呈链状。革兰氏染色强阳性。无荚膜，无芽孢，无鞭毛，需氧，非抗酸性，生长缓慢，需 3～6 周才可见菌落。该菌最适生长温度 15～18℃，37℃不生长。鲑肾杆菌在体外培养时对生长条件要求苛刻，培养基要求含有半胱氨酸和血清（或血清的成分），且需要较长时间培养。触酶阳性，氧化酶阴性，对葡萄糖不产酸，石蕊牛奶胨化，但 pH 无甚改变，明胶不液化。是鲑科鱼的专性病原菌。能在所感染鱼的吞噬细胞及卵中存活。未发现有血清型的差异，已知菌体表面存在一种分子质量为 57 000u 的热稳定蛋白质（p57），与致病力有关，是所有分离株的共同抗原，该抗原培养过程中可释放出来，也发现于病鱼组织或血清中。

2 流行病学

20 世纪 30 年代，美国首次报道褐鳟、虹鳟和溪鳟中发生的 BKD。此后，在加拿大、智利、英国、法国、德国、冰岛、意大利、西班牙等地养殖的 14 种鲑科鱼类都发生了 BKD，给当地鲑养殖业造成巨大的损失。WOAH 曾将其列为需通报疫病。

病原可感染鲑鳟类，尤其是大麻哈鱼（太平洋鲑）。我国已在个别养殖场养殖的大鳞大麻哈鱼和三倍体虹鳟体内检测到鲑肾杆菌。

只有 1 龄以上鲑的患病后期出现明显的症状。随着病程发展，临床症状逐渐明显。小规格虹鳟解剖后可见组织病理学变化。

该病是一种典型的慢性传染病，累计死亡率约 50%，甚至更高。发病死亡情况可持续 1～2 个月。

该病多呈较长的潜伏期（慢性经过），从感染到死亡需要较长的时间。发病较适宜的水温范围在4～20℃，但7℃以下一般不易发病，18℃以上时的死亡率明显降低，所以一般发病期水温多在7～18℃。

鲑肾杆菌广泛存在于淡水、海水环境，当感染鱼群出现渐进性消瘦或其他明显的症状时，已无治疗意义。该细菌能通过精、卵垂直传播。

3 临床症状

患病鱼游动失衡，体色发黑，皮肤有花斑，腹部膨胀，眼球突出，胸鳍基部及侧线有出血点。严重时体表可见囊泡、溃疡或脓肿。剖检可见鳃和内脏器官表现出贫血性苍白，其中肾病变最严重，肿胀且有灰白色结节。心脏、肝脏和脾脏也出现相同的灰白色结节。有的可见腹水。

4 病理变化

组织学观察可见患病鱼的肾发生明显病变，主要表现为肾脏肿大（特别是后肾）并出现直径2～4mm的颗粒状肉芽肿，使肾脏出现不规则的浅灰色和肿胀区域；严重时，患病鱼的脾和肝肿大，且也出现颗粒状肉芽肿。

5 诊断

5.1 初步诊断

养殖的大鳞大麻哈鱼或虹鳟等易感宿主，在7～18℃出现临床症状和病理变化，特别是出现肉芽肿的组织病理学变化，据此可作出初步诊断。

5.2 样品采集

取具临床症状和典型组织病理学变化的活的患病鱼3～5尾。无菌条件下，取肾、肝组织，分别做组织印片和PCR等检测。

5.3 实验室诊断

目前对鲑肾杆菌的检测鉴定方法主要包括取病变的肾脏或其他内脏进行涂片，染色后镜检；使用特异性抗血清在病变组织上直接检测抗原；将病料接种于适宜该菌生长的培养基上培养和鉴定；通过PCR扩增出鲑肾杆菌p57表面蛋白基因DNA片段的特异性条带等。

获得鲑肾杆菌可靠诊断结果的方法是先用一种技术检测，然后用不同原理的另一种技术来确诊。可以对有 BKD 临床症状和典型组织病理学变化的鱼，制作肾脏组织印片，如在显微镜下可见大量形态一致的革兰氏阳性短杆菌，再通过 PCR 扩增出鲑肾杆菌 p57 表面蛋白基因 DNA 片段的特异性条带，并测序。综合上述检测结果可以确定病鱼组织是否感染了鲑肾杆菌。

5.4 鉴别诊断

本病应注意和假性肾病及杀鲑气单胞菌等其他病原菌感染引发的细菌性疾病相区分。

6 防控

只能采取预防措施。做好疫病监测、水产苗种产地检疫工作是控制 BKD 传播的有效途径。同时养殖者也应高度关注引种工作，避免引入带病苗种。

杀鲑气单胞菌病

(Aeromonas salmonicida disease)

杀鲑气单胞菌病是由杀鲑气单胞菌引起的鱼类疾病。

1 病原学

杀鲑气单胞菌是革兰氏阴性杆状细菌，隶属变形菌门、γ变形菌纲、气单胞菌目、气单胞菌科、气单孢菌属，是气单胞菌属少数不运动的菌株之一。

1894 年在褐鳟中首次发现杀鲑气单胞菌，现已在全球淡水和海水鱼类中广泛分布，对全球水产养殖业造成了严重威胁。

杀鲑气单胞菌有多个亚种，包括杀鲑亚种、无色亚种、杀日本鲑亚种、史氏亚种和溶果胶亚种。

2 流行病学

流行无季节性，一年四季均可发生，一般为散发性。

可感染虹鳟、大西洋鲑、白斑狗鱼、大菱鲆、半滑舌鳎、海七鳃鳗、细鳞鲑、鲤、鲢、鲫、斑点叉尾鮰、乌鳢等鱼类和刺参。高龄鱼易感，鱼苗、幼鱼未见此病。

对虹鳟的危害多表现为亚急性型或慢性型。患病鱼体在晚春和夏季水温10～20℃时死亡率较高，水温 9℃以下死亡率较低。

3 临床症状

本病分急性、亚急性和慢性型。

急性型，病鱼急性死亡，无外部症状。在短期内的死亡率很高。

亚急性型病鱼病情发展较慢，在躯干肌肉处形成疖疮，陆续死亡。患病鱼离群独游、昏睡、食欲不振、消瘦、体表变黑、眼球突出。疖疮部位向外隆起，隆起处皮肤先充血，然后出血，继而坏死、溃烂，形成火山形溃疡口。切开患处可见肌肉溶解，呈灰黄色混浊或凝乳状，有灰白色或红灰色脓液流出。腹鳍出血十分常见，特别是靠近胸基部和臀鳍区域。解剖可见腹水、脾肿大、出血性肠炎、幽门盲囊和肝包膜下血肿。侧面骨骼肌可形成液化性坏死和“血性疖疮”，继而破裂并在皮肤表面形成开放型溃疡。

慢性型病鱼长期处于带菌状态，无症状。

4 病理变化

急性感染的患病鱼皮肤变黑、鳍底变红，体表临床症状不明显，但是有进行性败血、内部器官出血和循环衰竭现象。

在亚急性和慢性感染中，疖疮逐渐发展为深层坏死病变，通过肌肉组织延伸，使内脏外露。患病鱼全身性血管改变，如血管充血及水肿、微血管血栓，上皮细胞坏死、肾小管和基底膜分离。内脏浆膜表面出现充血，脾脏肿大、发红。肾脏变得柔软、易碎或者液化。肝脏苍白无血色，包膜下出血或体腔局灶性坏死，同时可能伴有腹水。在后期，细菌在鳃毛细血管中大量定植后会形成血栓，在血管内壁由于大量细菌定植而形成附壁血栓，在早期感染中，细菌聚集区一般没有组织病变，但在感染后期和慢性感染中，则可观察到组织病变和液化性坏死。

5 诊断

5.1 初步诊断

根据临床症状进行初步判断。

5.2 样品采集

采样数量按照 GB/T 18088 的规定执行。体长≤4cm 的鱼苗取整尾；体长 4～6cm 的鱼苗取内脏（包括肾）；体长＞6cm 的鱼按下述方法采样。

无临床症状鱼，无菌采集其肌肉组织、肾、心脏、肝、脾和腹腔液等；有临床症状鱼，可以采集其病灶深处的组织，如眼、肝、肾、脾等发病部位。

5.3 实验室诊断

用血琼脂平板、脑心浸液琼脂平板或在培养基中加入 0.1%的考马斯亮蓝（CBB）在 0～25℃条件下进行病原菌分离和纯化，对纯化后的病原菌，可采用理化鉴定、PCR 和 qPCR 等方法进行鉴定。

主要理化特征：菌落直径 1～3mm，微白色、半透明；色素氧化酶绝大多数阳性，对弧菌抑制剂 O/129 敏感；大多数产生弥散性棕色色素，发酵葡萄糖。在培养基上，菌落大多数溶血。病原菌不具有运动性，在 37℃生长缓慢或不生长。在含 0.1% CBB 的 TSA 或 BHIA 培养基上为深蓝、深紫色易碎的菌落。

普通 PCR：用引物 5′-GGCTGATCTCTTCATCCTCACCC-3′ 和 5′-CAGAGTGAAATCTACCAGCGGTGC-3′扩增表面阵列蛋白基因的 421bp 片段。

实时荧光 PCR：用引物 5′-TAAAGCACTGTCTGTTACC-3′ 和 5′-GCTACTTCACCCTGATTGG-3′和探针 5′-ACATCAGCAGGCTTCAGAGTCA-CTG-3′扩增表面阵列蛋白基因的 144bp 片段。

5.4 鉴别诊断

用引物 5′-CTGGACTTCTCCACTGCTCA-3′和 5′-ACGTTGGTAATCGC-GAAATC-3′扩增表面阵列蛋白基因的 626bp 片段，对扩增产物测序结果进行分析比对，确定杀鲑气单胞菌亚种。

6 防控

6.1 预防

鱼苗放养前用 3%～4%食盐溶液浸泡 5～15min；使用水质改良剂优化养殖水质；将中药五倍子捣碎，开水溶解后，全池泼洒，用量为 2～4mg/m^2；每 667m^2（水深 1m）用大青叶 5kg 加黄连 1kg，加水 3 次煎汁至药液为 20kg，连续 3d 全池泼洒；用新鲜大蒜汁涂擦受伤鱼体 2～3 次；用硫酸铜、敌百虫等杀虫剂杀灭水体中的寄生虫等。

6.2 治疗

连续 3～5d 用氟苯尼考粉拌饵投喂；或连续 1 周用复方磺胺嘧啶粉拌饵投喂。

小瓜虫病

(Ichthyophthiriasis)

小瓜虫病又称白点病，是由多子小瓜虫寄生于淡水鱼类体表和鳃引起的一种寄生虫疾病，以病鱼体表或鳃呈现小白点为特征。

1 病原学

病原是多子小瓜虫（*Ichthyophthirius multifiliis*），隶属纤毛门、动基片纲、膜口目、凹口科、小瓜虫属，寄生于淡水鱼的鳃部和体表，并引起严重的病害，是对淡水养殖鱼类危害最大的寄生虫之一。

2 流行病学

小瓜虫病的流行范围相当广泛，呈世界性分布。在我国，几乎所有的鱼类养殖区都有发生和流行。小瓜虫对鱼的种类几乎没有选择性，对鱼的年龄也没有选择性，各年龄组的鱼类都可感染，但危害最严重的还是苗种。小瓜虫病的主要流行温度是15～25℃，28℃以上小瓜虫易死亡，15℃以下其增殖较缓慢。小瓜虫的生活史中无需中间宿主，靠包囊及其幼虫（掠食体）传播。鱼类在养殖密度高和水温骤变的情况下更易发生此病。

3 临床症状

由于虫体的寄生，鱼体在池底和池壁上蹭擦，有时在水面做短时的翻肚运动。虫体寄生在鱼类的皮肤、鳍条、鳃、口腔及眼等部位，形成肉眼可见的小白点（滋养体）。病鱼体色发黑、消瘦，游动异常；病情严重时，病鱼漂游于水面，出现窒息，聚集在流水的四周，通常不吃食。

4 病理变化

少量感染小瓜虫时或感染初期，鱼体并不表现出明显病理变化。当小瓜虫大量感染鱼体时，会在鱼的体表、鳍条和鳃部等形成大量肉眼可见的小白点，使鱼的体表和鳃部黏液增多，体表似覆盖一层白色薄膜，上皮组织增生、发炎甚至肿胀坏死。感染后期，鱼的鳞片脱落，鳍条裂开、腐烂，鳃部缺损，呼吸困难，继而出现大规模死亡。

5 诊断

小瓜虫病一般通过形态学方法结合上述临床症状和病理变化进行诊断。刮取体表、鳍条和鳃片黏液，在显微镜下观察，若观察到较多的小瓜虫虫体（能看到一个明显的马蹄形细胞核），同时在体表、鳍条或鳃部观察到大量小白点，即可确诊小瓜虫病。

6 防控

6.1 预防

小瓜虫一旦在鱼体上形成小白点（滋养体），虫体即被宿主上皮组织层层包裹，药物很难渗入到虫体所在部位，目前对其尚无特效药物。因此，必须贯彻预防为主、治疗为辅的防病措施。预防小瓜虫病可以从以下几方面入手：①对引入的亲鱼和苗种进行检疫，检测小瓜虫的感染情况，一旦发现小瓜虫，要及早采取措施；②要加强鱼类的饲养管理，对水源、养殖设施和投喂饲料进行严格消毒，保持良好环境，增强鱼体抵抗力；③定期清除养殖水体底部的淤泥，并用含氯石灰消毒，杀灭小瓜虫包囊；④放养密度不宜过大，应保持水流畅通并定期换水以改善水质。

6.2 治疗

相较于寄生在鱼体上的小瓜虫滋养体阶段，离体阶段的小瓜虫（掠食体、包囊）是其薄弱环节，较容易用药物杀灭。治疗药物包括化学药物和中草药。硫酸铜等对小瓜虫的离体阶段有一定的杀灭效果，但对滋养体阶段效果甚微；一些中草药提取物以及植物源化合物呈现出较好的抗小瓜虫效果。

黏孢子虫病

(Myxosporidiosis)

黏孢子虫病是由黏孢子虫纲致病性黏孢子虫寄生于鱼类而引起的疾病。

1 病原学

黏孢子虫，隶属刺胞动物门、黏孢子虫纲。目前在我国已报道近千种，主要致病种类有洪湖碘泡虫、吴李碘泡虫、丑陋圆形碘泡虫、饼形碘泡虫、鲢碘泡虫、武汉单极虫、吉陶单极虫等。

2 流行病学

黏孢子虫病的流行范围相当广泛，几乎所有的鱼类养殖区都有可能发生和流行，不过不同的种类流行区域也不相同，如洪湖碘泡虫病（俗称“喉孢子虫病”），尽管其病原在别的区域也被发现，但目前其流行区域主要在江苏省的北部地区；吉陶单极虫病，以前在东北地区比较流行，但近年发现在四川地区也有发生；鲢的鲢碘泡虫病（俗称“疯狂病”）尽管在全国都有发现，但以浙江较为严重。鱼类的黏孢子虫病总的来说全年都有可能发生，但每一种黏孢子虫病的流行季节不同，如丑陋圆形碘泡虫病主要在冬季和早春发生，洪湖碘泡虫病主要流行于夏季，武汉单极虫病（俗称“肤孢子虫病”）也主要在夏季发生并造成危害，草鱼的饼形碘泡虫病主要流行于4—8月，鲢的鲢碘泡虫病主要在春、秋季节发生。大部分黏孢子虫病主要危害苗种，如武汉单极虫病、洪湖碘泡虫病，但有的黏孢子虫病主要危害成鱼，如鲢的鲢碘泡虫病、鲤的吉陶单极虫病等。很多黏孢子虫的水平传播都需要中间宿主——水生寡毛类。

3 临床症状

致病性黏孢子虫一般都会在宿主的寄生部位形成大小不一的包囊。严重感染黏孢子虫病的鱼通常厌食、消瘦，呼吸困难，游动缓慢，出现慢性或急性死亡。有些黏孢子虫寄生于鱼的中枢神经，会导致鱼类表现出疯狂旋转和狂游的症状，如鲢碘泡虫病（“疯狂病”）。

4 病理变化

患病鱼的病理变化会随黏孢子虫种类和寄生部位的不同而存在差别，不同黏孢子虫形成的包囊会压迫组织或阻塞腔道、破坏黏液、造成组织损伤等。如寄生于鲫肝胰脏的吴李碘泡虫（俗称“腹孢子虫”）会形成较大的包囊，破坏肝胰脏组织，导致腹水和腹部膨大，病鱼表现为厌食、昏睡，身体消瘦，游动缓慢，直至慢慢死亡；寄生于鲫咽上腭的洪湖碘泡虫，在咽上腭和颅骨组织间形成包囊，导致咽腔上腭充血、呈瘤状肿胀，堵塞咽腔和压迫鳃弓，使鱼不能进食，瘦弱，头偏大，鳃盖略张开，眼外突，体色发黑，可导致苗种大量死亡；寄生于鲫皮肤组织的武汉单极虫会使鱼的皮肤和鳞片隆起，破坏皮肤黏液，亦可导致苗种的死亡；寄生于鲤肠道的吉陶单极虫，可在肠道形成巨大包囊，堵塞肠道，导致病鱼肠道呈结节状膨大，腹部隆起，时有腹水，病鱼常在池边独游，行动迟缓，不摄食，鱼体消瘦，最终饥饿而死。

5 诊断

导致鱼类严重疾病的黏孢子虫一般都会在寄生部位形成肉眼可见的包囊，因此可以通过观察体表、鳃、内脏、体腔、肠道等部位是否有大小不一的乳白色包囊并结合临床症状来进行初步判断。这些包囊被挑破后，会释放脓液状物质，这些物质实际上是无数个黏孢子虫的孢子。确诊黏孢子虫病，则需要在显微镜下进行观察，若在显微镜下观察到大量的成熟孢子，并出现如上所述的包囊和临床症状便可确诊。但是，由于黏孢子虫的种类非常多，而且黏孢子虫的孢子通常很小（孢子长 15～30μm，宽 10～20μm），因此如果要鉴定具体的黏孢子虫种类，则需要采用精确的形态学甚至分子生物学鉴定方法。

6 防控

6.1 预防

黏孢子虫一旦在鱼体寄生部位形成大量包囊就很难治疗，因此还是要以预防为主。预防黏孢子虫病可以从以下几方面入手：①进行亲鱼和苗种检疫，在亲鱼或苗种进入养殖区之前，可采用形态学和分子生物学手段检测黏孢子虫的感染情况，一旦发现致病种类，禁止引入；②很多黏孢子虫的生活史发育过程都需要水生寡毛类（水蚯蚓）作为宿主，因此清塘等措施可以消除水和底泥中的寡毛类和放射孢子虫（放射孢子虫是黏孢子虫的幼虫）；③由于黏孢子虫的感染一般都具有宿主特异性，因此可以适当调整养殖鱼类结构，更换养殖品种，或尽量采用混养模式，以避免某种病原对单一养殖品种造成严重危害。

6.2 治疗

在感染早期（大量包囊形成之前），可以适当使用药物进行干预。目前使用的药物有地克珠利预混剂和盐酸氯苯胍粉等，拌饵投喂。

三 代 虫 病

(Gyrodactyliasis)

三代虫病是由三代虫寄生于鱼类体表和鳃而引起的疾病。

1 病原学

三代虫，隶属扁形动物门、单殖吸虫纲，一般是指三代虫属的种类。三代虫属的种类非常多，且不同的种类一般感染不同的宿主种类，在我国常见并形成危害的主要种类有鲩三代虫，寄生于草鱼；小林三代虫，寄生于金鱼、鲫、鲤；鲢三代虫，寄生于鲢、鳙；斑马鱼三代虫，寄生于斑马鱼、草鱼、鲢、鳙等。三代虫一般寄生于鱼的体表（包括鳍条）和鳃部，主要靠宿主间的接触进行传播，其危害对象主要是鱼的苗种，但有些种类亦可危害成鱼。

2 流行病学

三代虫病主要发生在春末、夏初季节，全国各地都有发现。据资料记载，以前三代虫病主要流行于长江流域和两广地区，但是，近些年来，北方发现的病例较多。值得注意的是，最近报道的外来种斑马鱼三代虫，自随斑马鱼引入我国以来，似乎已在我国南方地区形成较大的种群，目前发现的主要危害对象有草鱼、鲢、鳙等的苗种。

3 临床症状

病鱼游动异常，食欲减退，呼吸困难，鱼体消瘦，体表失去光泽，黏液增多，严重者鳃瓣边缘呈灰白色，鳃丝上呈斑点状淤血；鳍条不完整，出现蛀鳍或糜烂现象；有时会出现细菌或真菌的继发性感染。

4 病理变化

在感染早期，鱼类会用鳍条刮擦池壁，鱼体表黏液增多；在中度到偏重度感染时，病鱼会出现跳跃行为，黏液进一步增多；重度感染的病鱼变得反应迟钝，游动缓慢，经常在水流速较缓慢的地方出现，体表会因为黏液的增多而变得灰白，或者体色暗黑无光泽，背鳍、尾鳍和胸鳍的边缘出现糜烂，食欲减退，呼吸困难。

5 诊断

三代虫病一般通过形态学方法结合上述临床症状和病理变化进行诊断。刮取体表黏液、剪下鳍条和鳃片，在体视显微镜下观察，三代虫呈尺蠖状运动，虫体头器分成 2 叶，没有黑色眼点；后固着器呈伞形。若观察到较多的三代虫虫体，并出现上述症状和病理变化，即可确诊三代虫病。观察时应注意与指环虫进行区分；若要弄清确切的三代虫种类，则应根据精确的形态学数据或分子生物学手段进行鉴定。

6 防控

6.1 预防

三代虫病的预防可以从以下几个方面入手：①适当降低养殖密度；②合理混养以降低敏感宿主的密度和减少三代虫种群增长；③亲鱼和苗种引入时应进行检疫或至少进行消毒处理。

6.2 治疗

三代虫病的治疗药物主要有敌百虫、甲苯咪唑溶液、吡喹酮预混剂和辛硫磷溶液等，次氯酸钠溶液等氯制剂也能有效驱杀三代虫，使用方法一般是浸浴或全池泼洒。

指 环 虫 病

(Dactylogyriasis)

指环虫病是由指环虫属的单殖吸虫寄生于鱼鳃而引起的疾病。

1 病原学

指环虫，隶属扁形动物门、单殖吸虫纲，一般指指环虫属的种类。指环虫种类很多，在我国报道的就有200多种，不同的种类感染不同的宿主，但主要感染鲤科鱼类。在我国常见并形成危害的主要种类有寄生于草鱼的鳃片指环虫和鲩指环虫；寄生于鲢的小鞘指环虫和鲢指环虫；寄生于鳙的鳙指环虫；寄生于鲤、鲫和金鱼的坏鳃指环虫。指环虫一般寄生于鱼的鳃部，通过纤毛幼虫传播，其危害对象主要是鱼的苗种，但对成鱼的危害也很大。指环虫病不仅常见于池塘养殖鱼类，在水库和湖泊养殖的鱼类中也有广泛流行和引起大规模死亡的案例。

2 流行病学

指环虫病主要发生在春季，有些种类冬末就开始大量感染，在秋季也常有一个发病高峰，全国各地都有流行。以前认为其主要流行区在长江流域，但是，近些年来，北方发现的病例越来越多，南方流行的势头也未减。因此，在我国的淡水鱼类养殖中，指环虫病是一种严重的寄生虫病。

3 临床症状

严重感染指环虫的病鱼，体色发黑，游动缓慢，食欲减退，瘦弱；鳃丝黏液增多，鳃瓣呈灰白色，呼吸困难；幼小的鱼苗常呈现鳃部浮肿，鳃盖难以闭合；有时会出现细菌或真菌的继发性感染。

4 病理变化

少量指环虫感染时，鱼一般不会表现出明显症状，特别是成鱼；大量感染时，在鳃丝可见大量虫体，鳃丝表面黏液增多，先有许多细微出血点，后鳃丝变白；感染后期，鱼呼吸困难，不摄食，当有细菌继发性感染时，鳃丝腐烂，继而出现零星或大量死亡。

5 诊断

指环虫病一般通过形态学方法结合上述临床症状和病理变化进行诊断。剪下鱼鳃，分离开鳃片，在体视显微镜下观察，或者压片后在显微镜下观察。指环虫运动似蚂蟥伸缩，虫体头器分成 4 叶，有 4 个黑色眼点，后固着器有 1 对中央大钩和 7 对边缘小钩。若观察到较多的指环虫虫体，并发现上述症状和病理变化，即可确诊指环虫病。观察时应注意与三代虫的形态进行区分；若要精确鉴定指环虫的种类，则需要通过详细的形态学特征比较或使用分子生物学手段才能完成。

6 防控

6.1 预防

指环虫病的预防可以从以下几个方面入手：①合理混养和轮养；②亲鱼和苗种引入时应进行检疫，避免带入致病力高的指环虫种类，或在放养前进行消毒处理；③清塘消毒。

6.2 治疗

指环虫病的治疗药物和使用方法与三代虫病相似。

甲壳类病（5种）

>>>>>>>>>>>>>>>>>

黄　头　病

(Yellow head disease，YHD)

黄头病是由黄头病毒（Yellow head virus，YHV）引起的对虾传染性疾病，20 世纪 90 年代以来一直严重威胁着全球养殖对虾安全。急性感染的对虾在 2～4d 即出现停食等症状，发病急，死亡率高，濒死虾肝胰腺发黄而变成黄色，鳃也变成淡黄色到棕色，头胸部整个变黄，因此该病被称为黄头病。

1　病原学

YHV 属套式病毒目、杆套病毒科、头甲病毒属。

黄头病毒属（复合群），目前已知有 8 个基因型。其中 YHV 为基因 1 型，鳃联病毒（Gill-associated virus，GAV）为基因 2 型；基因 3～6 型常见于东非、亚洲和澳大利亚的健康斑节对虾中，极少或从不引起疾病；基因 7 型（YHV-7）是从野生斑节对虾中分离到的新基因型，致病性未知；基因 8 型（YHV-8）是从养殖中国明对虾分离到的新致病型 YHV，感染 YHV-8 对虾的肝胰腺颜色变浅发黄、鳃变黄。目前，仅 YHV-1 感染被 WOAH 收录为需通报的水生动物疾病。

YHV 是一种具有囊膜的杆状病毒，大小（35～60）nm×（140～200）nm，病毒囊膜上有囊膜粒突起。核衣壳呈螺旋对称。病毒粒子由 3 种结构蛋白构成，即核蛋白 p24 和囊膜蛋白 gp64、gp116。

YHV-1 基因组为单股正链 RNA（ssRNA+），全长 26 662nt，基因组中包括 ORF1、ORF2、ORF3 三个阅读框；YHV-1 与 GAV 的全基因相似度为 79%。

0.03mg/mL 氯，60℃下 15min 可将 YHV 灭活。YHV 在 25～28℃海水中可至少存活 3d。

2　流行病学

黄头病于 1990 年首次在泰国东、中部养殖的斑节对虾中发现，随后扩散到澳大利亚，并蔓延至中国、印度、印度尼西亚、马来西亚、菲律宾和越南等亚洲国家，以及东非和中南美洲对虾养殖国家，成为一种全球性对虾流行病。在健康斑节对虾中检出 GAV 和其他基因型的国家有澳大利亚、中国、印度、印度尼西亚、马来西亚、莫桑比克、菲律宾、泰国和越南。

黄头病疫情仅报道于斑节对虾和凡纳滨对虾。自然感染还见于日本囊对虾、白香蕉虾、细角滨对虾、白对虾、刀额新对虾、糠虾和南极磷虾。在实验条件下易感的种类还有虎纹对虾、棕虾、粉红虾和绿尾新对虾等。易感性随虾种类不同而异，实验表明，YHV 可引起斑节对虾、凡纳滨对虾、细角滨对虾、棕虾和白对虾等大量死亡。

YHV-1 主要通过水平传播，鸟类也是传播媒介之一，鸟类（海鸥等）摄食患黄头病的虾，并通过排泄物将病毒传播到邻近的池塘中去。GAV 则可通过卵细胞或精细胞（也可能是通过生殖细胞表面沾染）垂直传播至子代。

黄头病严重影响养殖期为 50～70d 的对虾，感染后 3～5d 发病率高达 100%，死亡率达 80%～90%。

3 临床症状

患病虾先是摄食量增大，然后突然停止摄食，一般 2～4d 内出现头胸部发黄和全身发白，肝胰腺变软并由褐色变为黄色。许多濒死虾聚集在池塘角落的水面，同时迅速出现大量死亡。

4 病理变化

黄头病毒主要侵染外胚层和中胚层起源的组织器官，可感染血淋巴、造血组织、鳃瓣、皮下结缔组织、肠、触角腺、生殖腺、神经束、神经节等，并导致全身性细胞坏死。组织压片可观察到中度到大量球形强嗜碱性细胞质包涵体；血淋巴涂片可观察到中等到大量血细胞发生核固缩和破裂；组织切片可观察到坏死区域有球形强嗜碱性细胞质包涵体，直径为 2μm 或稍小。胃皮下组织和鳃是观察特征性包涵体的最佳部位。

5 诊断

5.1 初步诊断

根据流行病学、临床特征和病理特征作出初步诊断，确诊需进行实验室诊断。

5.2 样品采集

采集病虾 30 尾，健康虾 150 尾，按不同的大小或感染期取不同组织样品。

其中，对虾幼体、仔虾取完整个体，幼虾和成虾取虾的头胸部，非对虾的甲壳类动物参照对虾的方法取样。非生物样品取0.1～0.5g。

5.3 实验室诊断

5.3.1 组织及病理诊断

组织压片快速染色法。取濒死虾鳃丝或表皮用Meyer's苏木精-伊红染色，观察细胞内球形强嗜碱性细胞质包涵体，适用于对虾活体中的黄头病毒检测，但不适于非感染性病毒携带样品的诊断及对宿主进行组织病理学评价。

组织病理学诊断法。HE染色后观察各种不同组织的病理变化和强嗜碱性细胞质包涵体，本法适用于对虾感染黄头病毒初步诊断或未知疾病样品组织病理学评价，不适于非感染性病毒携带样品的检测。

电镜诊断。可对病虾鳃、淋巴器官等的病毒进行观察和确诊。

5.3.2 分子检测技术

原位杂交法。用地高辛标记cDNA探针进行，敏感性比病理组织学诊断法高，适用于黄头病毒敏感宿主的感染程度及病毒扩增状况的评估和疾病确诊。

套式PCR检测法。详细参见《OIE水生动物诊断试验手册》和《对虾黄头病毒诊断规程》（SC/T 7236—2020）中的普通PCR方法，推荐使用其中的套式PCR检测方法，该方法利用两套引物对检测样品进行分析，第1轮扩增的外引物组合为GY1/GY4，扩增产生794bp的片段（YHV和GAV的核酸均可被扩增）；第2轮扩增的内引物组合包含三条引物——GY2/Y3/G6，可扩增YHV核酸产生277bp条带或扩增GAV核酸产生406bp条带。但该方法不适合检测其他基因型的YHV。

qPCR检测法。详细参见《虾黄头病检疫技术规范》（SN/T 1151.4—2011）中的qPCR检测法。该方法利用根据靶向编码病毒复制酶聚蛋白的ORF序列设计的引物检测YHV-1，但不能检测GAV以及YHV的其他基因型。

5.3.3 免疫检测技术

通过制备特异性抗黄头病病毒抗体，用于检测病毒。可取活虾血淋巴，采用免疫印迹试验（WB）、ELISA或IFT等方法鉴定样品是否有黄头病毒感染，从而进行确诊。

5.4 鉴别诊断

本病应与桃拉综合征、白斑综合征、淋巴器官空泡化病等相区别。

6 防控

对苗种场、良种场实施防疫条件审核、苗种生产许可管理制度。加强疫病监测与检疫，掌握流行病学情况。通过培育或引进抗病品种，提高抗病能力。

养虾前对虾池进行清理，尽可能彻底清淤，然后进行消毒。选择健康虾苗，保持合理放养密度和优良水质。加强饲养管理，杜绝使用鲜活或冰鲜饵料，消毒养殖用水，切断疾病的传染途径。

桃拉综合征

(Taura syndrome，TS)

桃拉综合征俗称红尾病，是由桃拉综合征病毒引起的对虾的一种严重传染性疾病，急性期以虾体变红（虾红素增多）、软壳为特征，过渡期以角质上皮不规则黑化为特征。

1 病原学

病原为桃拉综合征病毒（Taura syndrome virus，TSV），属微 RNA 病毒目、双顺反子病毒科、细小病毒属，病毒基因组为单股正链 RNA，病毒在宿主细胞质中复制。

TSV 粒子直径 32nm，无囊膜，呈正二十面体结构，在 CsCl 中的浮密度为 1.338g/mL。

基于病毒衣壳蛋白 *VP1* 基因序列的系统发育分析表明，TSV 至少包括 6 个基因群：①伯利兹群；②委内瑞拉群；③墨西哥群；④哥伦比亚群；⑤沙特阿拉伯群；⑥东南亚群。

病毒基因组有 ORF1 和 ORF2 两个开放阅读框，其中 ORF1 编码非结构蛋白，如解旋酶、蛋白酶和 RNA 依赖的 RNA 聚合酶（RdRp）；ORF2 编码 TSV 结构蛋白，包括三种主要的衣壳蛋白——VP1、VP2 和 VP3（分子质量分别为 55ku、40ku 和 24ku）。

TSV 主要侵染对虾外胚层和中胚层的组织，在全身外骨骼的角质上皮（或皮下组织）、前肠、后肠、鳃和附肢中复制，也常在结缔组织、造血组织、淋巴器官和触角腺中复制。

2 流行病学

本病主要侵害凡纳滨对虾和细角滨对虾。对虾科、对虾属所有成员均对本病易感；中国明对虾也对本病易感；凡纳滨对虾除卵、受精卵和虾蚴外，仔虾（PL）、幼虾及成虾等各期均对本病易感。病毒主要感染 14～40 日龄、体重 0.05～5g 的仔虾，部分稚虾或成虾也容易被感染。对虾科其他属成员经直接攻毒也可被感染，但一般不表现症状。

目前本病广泛流行于美洲和东南亚对虾养殖区。1992 年首次发现于厄瓜多尔桃拉河（Taura）地区，之后随染疫仔虾和亲虾贸易迅速传播到厄瓜多尔、秘鲁、哥伦比亚沿岸、洪都拉斯、危地马拉、萨尔瓦多、巴西东北部、尼加拉瓜、伯利兹、墨西哥、美国等美洲各大虾类养殖区。1999年，中国从中南美洲进口凡纳滨对虾而引入本病，此后，病原随亲虾和仔虾的贸易传播到泰国、马来西亚、印度尼西亚等地。自2000年以来，我国已在广东、广西、海南等地发现该病。TS也造成沙特阿拉伯养殖的印度明对虾大量死亡。

本病主要通过健康虾摄食病虾、带病毒水源等水平传播，也可经海鸥等海鸟、划蝽科类水生昆虫携带病毒传播。携带病毒亲虾可能经垂直途径传播到后代，但目前尚无可靠证据。持续感染虾和终生带毒虾是传染源，染疫存活凡纳滨对虾和细角滨对虾可终生带毒成为疾病传播者。

3 临床症状

本病潜伏期比较难确定。一般发病虾池自发现病例至对虾拒食人工饲料仅仅5～7d，10d左右大部分对虾死亡。部分虾池采取积极消毒措施后转为慢性病，逐日死亡，至养成收获时成活率一般不超过20%。根据病程和症状，可分为急性期、过渡（恢复）期和慢性期3个阶段。

急性期：虾红素增多，虾体全身呈淡红色，尾扇和游泳足呈鲜红色，因此虾民称之为“红尾病”。以10倍放大镜观察，可见游泳足或尾足边缘处上皮呈灶性坏死。急性感染虾常死于蜕壳期间，处于蜕壳后期的病虾以软壳、空腹为特征。濒死虾常浮于水面或池体边缘，尤其当体重超过1g的肉眼可见虾暴发该病时，常能观看到海鸟争相啄食的壮观场面。

过渡（恢复）期：介于急性期与慢性期之间，病程极短，以病虾角质上皮多处出现不规则黑化斑为特征。黑化斑为血淋巴细胞聚集，表明角质上皮的病灶正在消失。病虾不再出现软壳及虾红素增多症状，行为及摄食正常。

慢性期：成功蜕壳的病虾，从过渡期转入慢性期，一般无明显的临床症状，但对正常的环境应激（如突然降低盐度）明显不如未染疫虾。有的因病毒在淋巴器官持续感染而成为终生带毒者。

4 病理变化

4.1 急性期

全身角质上皮、附肢、后肠、前肠（食管、前后胃室）可见灶性坏死；有时在角皮下结缔组织细胞以及靠近感染角质上皮的条纹肌纤维基质也可见感染灶。严重的病例，触角腺细管上皮也遭破坏。

组织学检查，可见角皮病灶感染细胞细胞质中嗜酸性颗粒增加，细胞核固缩或破裂。病灶中坏死细胞的细胞质残体富集，形成嗜酸性或嗜弱碱性的球体（直径 1～20μm），这些球体与固缩、破裂的细胞核呈“撒粗胡椒面状”或“散弹状”分布，该病理特征对急性期桃拉综合征具有诊断意义。

4.2 过渡（恢复）期

角质上皮病灶的数量和严重程度均呈下降趋势，坏死灶中有大量血淋巴细胞浸润、聚集并黑化，进而出现不规则的黑斑，该病变为过渡期桃拉综合征的典型特征。

4.3 慢性期

一般看不到明显病变，组织学检查可见大量的类淋巴器官球体（LOS），这是 TSV 感染虾留下的唯一病理学证据。

类淋巴器官球体可能与成对淋巴器官的主体相连，或脱离形成异位的类淋巴器官体，位于血腔的局部区域，如心、鳃或皮下结缔组织中等。类淋巴器官球体由淋巴器官细胞和血淋巴细胞呈球形堆积而成，但根据其球形特征以及缺乏中心管（典型的淋巴器官小管）特征，可与正常淋巴器官进行区别。

5 诊断

5.1 初步诊断

根据流行病学、临床特征和病理特征作出诊断。急性期病虾，虾体全身淡红色，尾扇和游泳足鲜红色，游泳足或尾足边缘处上皮呈灶性坏死，常死于蜕壳期间，表现为软壳、空腹等特征；过渡期病虾角质上皮多处出现不规则黑化斑，血淋巴细胞聚集，软壳及虾红素不明显；慢性期一般无明显临床症状。

5.2 样品采集

采集病虾 10 尾，健康虾 150 尾，按不同的大小或感染期取不同组织样品。其中，对虾幼体、仔虾取完整个体，幼虾和成虾取虾的头胸部，非对虾的甲壳类动物参照对虾的方法取样。非生物样品取 0.1～0.5g。

样品采集按《斑节对虾杆状病毒诊断规程》（SC/T 7202.1—2007）或者按照《OIE 水生动物疾病诊断手册》的要求进行。

5.3 实验室诊断

5.3.1 组织病理学诊断

适用于患桃拉综合征的急性期、过渡期和慢性期对虾的确诊和对桃拉综合征的筛查。

5.3.2 免疫检测技术

斑点酶联免疫反应。该法以感染虾或 SPF 虾血淋巴制取纯化病毒，作为检测抗原，点加于 MA-HA-N45 单抗包被的反应板，干燥后，以磷酸盐缓冲液和含山羊血清与酪蛋白的吐温 20 进行阻断。用单抗 TSV mAb 1A1 进行。如单克隆抗体（mAb）法，通常用于虾血淋巴、组织匀浆物或 Davidson's AFA 固定组织样品的 TSV 检测。TSV mAb 1A1 常用于鉴别 TSV 变异株，或与其他毒株鉴别。单克隆抗体检测疑似结果，应结合临床症状、发病史或其他检测结果（如 RT-PCR 或原位杂交实验等的实验结果）进行综合判断。

5.3.3 分子检测技术

①原位杂交实验：该法采用非放射性的以地高辛标记的 cDNA 探针进行，敏感性高于传统的病理组织学诊断方法。②RT-PCR：该法适用于对虾的各生活期、非对虾的生物和底泥等样品中 TSV 的定性检测，以进行病原筛查和疾病的确诊。单独使用时不适于对病毒量、存在状态（玷污、携带和感染状态）或感染活性等的估测以及宿主感染程度的评估。③RT-qPCR：该法具快速、特异和敏感优点，对 TSV 基因组目标序列检测灵敏度低于 100 拷贝/反应。

5.4 鉴别鉴定

本病急性期应与白斑综合征相区别。

6 防控

对苗种场、良种场实施防疫条件审核、苗种生产许可管理制度；加强疫病监测与检疫，掌握流行病学情况。

目前尚无疫苗和有效的治疗方法，可通过培育或引进抗病品种、控制传染源以及加强饲养管理等综合措施控制本病。

水质调控。整虾池水质平衡及稳定：pH 维持在 8.0～8.8，氨氮 0.5 mL/L以下，透明度维持在 30～60cm。

水体消毒。每 10～15d（特别是在进水换水后）应及时用含氯石灰等含氯消毒剂消毒。

底质改良。在养殖过程中，定期使用水质及底质改良剂。特别是在养殖中后期应以水质和底质改良为主，其中光合细菌、硝化细菌等微生态制剂的改良效果好。

增强虾体免疫功能。在饲料中添加生物活性物质或免疫促进剂。

传染性皮下和造血组织坏死病

(Infection with infectious hypodermal and haematopoietic necrosis vivus，IHHN)

传染性皮下和造血组织坏死病是由传染性皮下和造血组织坏死病毒（Infectious hypodermal and haematopoietic necrosis virus，IHHNV）引起的对虾疾病，主要感染细角滨对虾和凡纳滨对虾，可引起凡纳滨对虾慢性“矮小残缺综合征”（RDS）和细角滨对虾较高的死亡率。

1 病原学

IHHNV，属于细小病毒科、细角对虾浓核病毒属。

病毒粒子呈二十面体，大小 20～22nm，无囊膜，在 CsCl 中的浮密度为 1.40g/mL。病毒基因组为线状单股 DNA，长度为 4.1kb，衣壳由 4 个分子质量分别为 74ku、47ku、39ku 和 37.5ku 的多肽组成。

2 流行病学

IHHNV 可感染世界各地养殖对虾，主要感染太平洋东部沿岸野生对虾、太平洋岛屿（包括夏威夷群岛、法属波利尼西亚、关岛和新喀里多尼亚）的养殖对虾。近年来发现东南亚和中东地区的养殖和野生对虾也可感染，在我国也有一定的发病率。

IHHNV 目前至少存在两种不同基因型，两种基因型均可感染凡纳滨对虾和斑节对虾。

此外，一些对虾基因组中存在两段与 IHHNV 基因组同源的序列，因此又根据 IHHNV 是否具有感染能力将其划分为感染型和非感染型。非感染型包括 2 类，其中非感染型 3A 型来自东非、印度和澳大利亚；非感染型 3B 型来自西印度洋-太平洋区域，包括马达加斯加、毛里求斯和坦桑尼亚。

细角滨对虾、凡纳滨对虾、斑节对虾等大部分对虾都可能被 IHHNV 感染，但感染后的死亡率却不同。细角滨对虾死亡率可达 90%以上，稚虾受危害最为严重；凡纳滨对虾患病后呈现 RDS，引起患病对虾生长缓慢、畸形，受感染存活对虾终生带毒。

病毒主要通过带毒虾及其他甲壳类、受病毒污染水体传播，同类残食或海鸟也可传播病毒；感染IHHNV存活的对虾仍可带毒，可垂直传播疾病。

3 临床症状

细角滨对虾患病后摄食明显减少，外表及行为表现异常，患病对虾可缓慢上升到水面、翻转后腹部向上缓慢沉到水底，这种行为可持续数小时，直到被其他健康虾吞食，感染期细角滨对虾表皮上皮可在腹部背板接合处观察到白色或浅黄色斑点，斑点逐渐消退，可区别于对虾白斑综合征的白斑。感染的细角滨对虾和斑节对虾在濒死时体色偏蓝，腹部肌肉不透明。

凡纳滨对虾患病后表现为RDS，养殖细角滨对虾也有报道出现RDS。患病稚虾还出现额角弯曲、变形，触角鞭毛皱起，表皮粗糙或残缺。患RDS稚虾大小差异很大。凡纳滨对虾RDS的严重程度及流行范围与幼体或仔虾阶段的感染有关。可用种群变异系数（CV）来估算是否感染病毒，计算公式为：种群变异系数（CV）＝标准偏差/种群内不同组别大小的平均数，通常未患病群体的CV范围为10%～30%，感染病毒的对虾种群CV为30%～90%。

4 病理变化

IHHNV主要感染起源于外胚层和中胚层的组织细胞，主要有表皮、前肠和后肠上皮、性腺、淋巴器官和结缔组织细胞，很少感染肝胰腺。靶组织中可观察到典型的Cowdry A型细胞核内嗜伊红包涵体，边缘常出现无色环，包涵体可使细胞核肥大、染色质边缘分布。

5 诊断

5.1 初步诊断

根据流行病学、临床特征和病理特征作出初步诊断，确诊需进行实验室诊断。

5.2 样品采集

采集病虾10尾，健康虾150尾，按不同的大小或感染期取不同组织样品。其中，对虾幼体、仔虾取完整个体，幼虾和成虾取虾的头胸部，非对虾的甲壳类动物参照对虾的方法取样。非生物样品取0.1～0.5g。

样品采集按《斑节对虾杆状病毒诊断规程》（SC/T 7202.1—2007）或者

《OIE 水生动物疾病诊断手册》中的要求进行。

5.3 实验室确诊

5.3.1 组织学诊断

组织病理诊断法。HE 染色观察细胞核内 Cowdry A 型包涵体进行诊断，适用于有症状对虾的初步诊断或未知样品的组织病理学评价，不适用于无症状带病毒标本的检测。

电镜诊断。通过对靶组织超薄切片中细胞核内病毒的观察进行确诊。

5.3.2 病原的分子检测

分子杂交技术。地高辛标记的 IHHNV cDNA 探针病毒检测，灵敏度高于病理组织诊断法，适用于成虾、幼虾、仔虾、幼体和受精卵活体、冰鲜或冰冻产品和其他甲壳类动物的病毒筛查以及有临床病症病虾的确诊。

PCR 检测法。通过 PCR 检测 IHHNV 特定基因。适用于各种对虾样品、环境生物和饵料生物样品以及其他各种非生物样品的 IHHNV 高灵敏度定性检测。《OIE 水生动物诊断试验手册》IHHN 章节中 PCR 引物 392F/R 和 389F/R 适用于检测目前所有已知的 IHHNV 基因型，其中包括非感染型 IHHNV 的 3A 型和 3B 型。《OIE 水生动物诊断试验手册》IHHN 章节中引物 309F/R 仅可检测 1 型和 2 型 IHHNV（即 IHHNV 的感染型），而不能用于检测不具感染性且已成为斑节对虾基因组一部分的 3A 型和 3B 型。

5.4 鉴别诊断

患病群体的个体变异系数较大，易与虾肝肠胞虫感染引起的对虾生长缓慢病害相混淆，可结合分子生物学检测结果进行诊断判别。

6 防控

在对虾育苗场、标粗场、养殖场以及良种场内可以实施生物安保策略进行 IHHN 的有效防控。对苗种场、良种场实施防疫条件审核、苗种生产许可管理制度。加强疫病监测与检疫，掌握流行病学情况。特别要加强对进口对虾的检疫，切断疾病传入国内的途径。通过培育或引进抗病品种，采用 SPF 亲虾进行繁育，提高抗病能力。加强饲养管理，及时销毁染疫对虾，发病虾场及其设施要进行彻底消毒。

急性肝胰腺坏死病

(Acute hepatopancreatic necrosis disease，AHPND)

急性肝胰腺坏死病，是由一类能产生昆虫相关光杆菌二元毒素(Photorhabdus insect related，Pir) PirA/PirB 的弧菌（V_{AHPND}）引起的虾类传染性疫病。2010 年以来 AHPND 一直在全球主要对虾养殖国家传播并产生危害，每年引发的产业损失近 10 亿美元，严重影响了全球对虾养殖产业的发展。WOAH 将其列为需通报的疾病。

1 病原学

病原是一类能产生昆虫相关光杆菌二元毒素（PirA/PirB）的弧菌，这类弧菌被称作致 AHPND 弧菌（*Vibrio* causing AHPND，V_{AHPND}）。目前已知的 V_{AHPND}种类包括副溶血弧菌（*Vibrio parahaemolyticus*）、欧文氏弧菌（*Vibrio owensii*）、坎贝氏弧菌（*Vibrio campbellii*）、浦那弧菌（*Vibrio punensis*）和哈维氏弧菌（*Vibrio harveyi*）等。

V_{AHPND}为弧菌科、弧菌属的革兰氏阴性菌，多为短杆状，具有单端单生鞭毛。V_{AHPND}通常含有 2 个环状 DNA 染色体（Chromosome 1 和Chromosome 2，即 Chr1 和 Chr2）和至少一个高度同源、大小约 70kb 的质粒（pVA1 型毒性质粒），该质粒携带 *pirAB* 基因，编码 PirA 和 PirB 毒素蛋白。pVA1 型毒性质粒中存在接合转移相关基因簇和 pndA 分离杀伤（pndA post-segregational killing，PSK）系统，前者使其具有转移到其他细菌的能力，后者则保证该质粒能够稳定遗传至子代。

V_{AHPND}的理化特性与其他弧菌菌株类似，对冷冻、制冷、加热和常用消毒剂敏感，在低盐度、低 pH 等条件下生长受到抑制，冰冻也会导致绝大部分细菌死亡；V_{AHPND} 在环境温度为（28±2)℃ 的河口和海水中可分别存活 9d 和 18d。

该病原侵袭的主要组织为肝胰腺等。

2 流行病学

全球尺度溯源调查结果显示，引起 AHPND 的副溶血弧菌最早发现于我国，但并非起源于我国，而是存在多个来源。V_{AHPND}的 ST415 和 ST970 基因型均最早起源于泰国，前者在 1996 年开始向越南及我国东南沿海播散，而后者则在 2012 年由泰国播散至越南和马来西亚，在播散过程中质粒在不同基因型的副溶血弧菌之间发生了横向基因转移。

该病害自 2010 年在我国和越南被发现后，其流行范围已覆盖全球主要对虾养殖地区：马来西亚（2011 年）、泰国（2012 年）、墨西哥（2013 年）、菲律宾（2014 年）、孟加拉国（2017 年）、美国（2017 年）、韩国（2019 年）及日本（2020 年），并使各国对虾养殖遭受了严重经济损失。

在 V_{AHPND}的自然感染过程中，经口传播是 V_{AHPND}传播的主要途径，健康虾摄入患病死虾、池塘沉积物和病虾粪便，以及养殖水环境中的 V_{AHPND}均能够导致养殖虾类感染。V_{AHPND}存在垂直传播风险，但尚未见其垂直传播的相关报道。

V_{AHPND}的易感宿主种类包括凡纳滨对虾、斑节对虾。非完全确认易感性的种类有中国明对虾、日本囊对虾和三疣梭子蟹。红螯螯虾和罗氏沼虾对 V_{AHPND}不易感。

3 临床症状

患病对虾肝胰腺颜色变浅、萎缩，空肠空胃或肠道内食物不连续，中肠和胃颜色因炎症反应变浅。健康对虾染病后死亡进展极为迅速，死亡率最高可达 100%。AHPND 多发生在放苗后的 30～35d 内，严重感染情况下死亡和临床症状最早会在放苗 10d 内出现。起初，该病曾被称为早期死亡综合征（Early mortality syndrome，EMS），但有学者认为 EMS 可能还涉及其他病原因素。

4 病理变化

AHPND 最典型的组织病理学特征为肝胰腺小管上皮细胞脱落，另外胃和中肠的上皮细胞也会发生损伤和脱落。感染初期，肝胰腺小管从近端到远端的上皮细胞开始出现渐近性退化，随后变圆并脱落进入小管的管腔；感染末期，肝胰腺小管间可见大量血细胞浸润和大量继发性细菌感染，小管上皮细胞圆化和脱落变得严重，小管管腔坍缩甚至崩解。

5 诊断

5.1 初步诊断

根据流行病学、临床特征和病理特征作出初步判断，或依据 *pir*AB 基因检出情况作出初步判断。易感对虾发病并出现 AHPND 临床症状、患病个体组织病理检查出现 V_{AHPND}感染典型病理变化或 *pir*AB 基因检出核酸阳性，满足这三项条件中的一项，可暂判定为 AHPND 疑似病例。确诊需要实验室诊断满足两项或两项以上上述内容。

5.2 样品采集

采集 150 尾虾，按不同的大小或感染期取不同组织样品。其中，对虾幼体、仔虾取完整个体，幼虾和成虾取虾的肝胰腺、胃或肠道组织，非对虾的甲壳类动物参照对虾的方法取样。非生物样品取 0.1～0.5g。

样品采集需按《对虾急性肝胰腺坏死病诊断规程》（SC/T 7233—2020）或者《OIE 水生动物诊断试验手册》中规定的要求进行。

5.3 实验室诊断

5.3.1 组织及病理诊断

组织病理学诊断。制备待检测对虾肝胰腺组织病理切片，并进行 HE 染色，光学显微镜下切片中可清晰地观察到肝胰腺组织呈现 AHPND 的典型病理变化。HE 染色适用于发病对虾的初步诊断，不适于非感染性携带细菌样品的细菌检测。

电镜诊断。制备待检测对虾肝胰腺组织的超薄切片，并进行醋酸铀染色，电镜下切片中能观察到肝胰腺上皮细胞病变以及大量弧菌，适用于发病对虾的初步诊断。

5.3.2 普通 PCR 诊断

详细参见《OIE 水生动物诊断试验手册》和《对虾急性肝胰腺坏死病诊断规程》（SC/T 7233—2020）中的普通 PCR 方法，推荐使用其中的套式 PCR 检测方法，该方法利用两套引物（AP4-F1/R1 和 AP4-F2/R2）对 pVA1 毒性粒上的毒素基因 *pirAB* 进行扩增，一轮扩增产物 1 269bp，二轮扩增产物 230bp，该方法的检测灵敏度可达 1fg DNA，可用于检测对虾组织和环境样品中低水平的 *pirAB* 基因。

5.3.3 qPCR 诊断

参见《OIE 水生动物诊断试验手册》和《对虾急性肝胰腺坏死病诊断规程》（SC/T 7233—2020）中的 TaqMan 探针 qPCR 检测方法。

利用普通 PCR 或 qPCR 对 AHPND 病原的靶基因进行检测时，为确保检测质量，需要设置以下对照：阳性核酸对照、核酸制备阴性对照（用于检测样品核酸提取过程）、无模板阴性对照、PCR 扩增内对照（用于检测核酸制备质量）。

6 防控

苗种带菌传播是细菌性病原在虾类中快速播散的重要原因。国内外尚无有效治疗虾类 AHPND 的商品化药物，因此，良好的生物安保措施对养殖场预防 AHPND 非常重要，养殖场需对 AHPND 病原引入和留存的风险保持高度警惕。

建立养殖场生物安保计划。对于对虾养殖场来说，应在对 V_{AHPND} 引入和留存风险进行严密分析的基础上，严格管控病原传入的风险点，并按照生物安保标准操作规程（SOP）实施生产管理，例如对仔虾实施 2～4 周的高密度标粗检疫，只有标粗检疫无病原的苗种才投放到养成期池塘养殖。对于亲虾场或育苗场来说，定期对种虾和苗种开展 AHPND 病原检测，对亲体或苗种携带或感染 V_{AHPND} 的风险进行全面监控，确保亲体和苗种的无特定病原属性。

根据种苗健康水平和设施条件，合理设置养殖密度。

重视养殖水环境的水质和底质改良，保持稳定健康的养殖水环境。

使用配合饲料，适当拌喂有益微生物和提高免疫力的营养补充剂。

当疫病流行和暴发时，应对患病和死亡个体进行深埋、集中消毒、焚烧等无害化处理，避免病原进一步传播。所有涉及疫病池塘水体、虾体的操作工具，应用次氯酸钙（200g/m^3）或二氧化氯（50～100g/m^3）浸泡 24h 以上。

河蟹螺原体病

(Spiroplasmosis of *Eriocheir sinensis*)

河蟹螺原体病指河蟹（中华绒螯蟹）等因螺原体侵袭，导致神经与肌肉传导系统损伤，以肢体颤抖、瘫痪甚至死亡为特征的疾病。

1 病原学

病原是螺原体（*Spiroplasma*），属于柔膜体纲、虫原体目、螺原体科，是原核生物中最小的一类。形态多变，没有细胞壁，可滤过 220nm 孔径滤膜，带有与侵染和致病相关的特殊顶端结构。河蟹螺原体是螺原体的一个新种，而且是一个新的血清族。

2 流行病学

该病自 1994 年在江苏省个别蟹池首次发现后，接着在上海、浙江、安徽、江西等地相继发生，并呈现逐年增加的趋势，目前已蔓延到全国大部分河蟹养殖区。江浙一带 4—10 月时易发病，其中 8—9 月为流行高峰期（水温 19～28℃）。可感染河蟹、克氏原螯虾、凡纳滨对虾、罗氏沼虾和日本沼虾等甲壳类动物。病原通过鳃或体表（尤其是蜕壳期）进入虾蟹体内。池塘养蟹、稻田养蟹、网拦养蟹及网围养蟹等多种养蟹模式都可能暴发此病，从体重 3g 的蟹种至 300g 以上的成蟹都可患病。

3 临床症状

患病河蟹活力下降，行动迟缓，食欲不振，螯足握力下降，附肢颤抖。解剖可见鳃排列不整齐，呈浅棕色甚至黑色，血淋巴稀薄、凝固缓慢或不凝固。病蟹常静伏于池边岸上和水稻旁，拒食，最后死亡。

4 病理变化

螺原体感染的早期主要发生在血淋巴细胞中，感染后血淋巴细胞充血、结节形成、吞噬作用增强并伴有黑化作用，细胞核增大。感染中期螺原体随血淋巴循环至机体各器官的结缔组织中，感染组织中的血淋巴细胞浸润并聚集，重点侵染与神经、肌肉及与结缔组织有关的组织和细胞（不侵染上皮等组织），在肝胰腺中病变细胞局限于间质中，不涉及肝小管和上皮细胞，但会造成上皮细胞脱落。感染后期，螺原体在神经系统和神经与肌肉细胞连接处的增殖导致蟹附肢出现颤抖症状，甚至死亡。

5 诊断

5.1 初步诊断

根据临床症状可初步作出诊断。

5.2 样品采集

采集病蟹 10 只，体表用 70%乙醇消毒，用无菌剪刀取步足，去掉外壳后，取肌肉约 0.1g 用于检测。

5.3 实验室诊断

目前有效的检测和诊断手段主要有超微病理、PCR 和 ELISA 等。

5.4 鉴别诊断

本病应与环境胁迫引起的“环爪”进行区分。

6 防控

6.1 预防

可通过选择优质苗种、加强池塘管理和科学投喂等措施预防本病。①选择规格均匀、摄食凶猛、爬动有力、反应敏捷、趋光性和溯水性强、不带病原体及寄生虫的蟹种；②加强清塘消毒、水草养护、水质调控等日常管理；③科学投喂新鲜适口的饵料，不投腐败变质饵料，正确掌握“四定”和“四看”的投喂技术，可不定期在饵料中添加黄芪多糖、壳聚糖、人参皂苷、维生素以及乳酸菌等免疫促进剂，促进肠道健康，提高河蟹机体免疫力。

6.2 治疗

在执业兽医师的指导下使用药物进行控制，可采用已批准使用的抗生素进行治疗，连续用药 7d 为一个疗程，同时使用含氯类消毒剂进行水体消毒，在病害流行季节，1 个疗程结束后 20d，再强化用药 1 次，避免复发。

对发病蟹、死蟹就地加生石灰深埋，有发病史的河蟹禁止用于育苗、放流或直接作为水产饵料。染疫水体、用具要充分消毒。

贝类病（3种）

>>>>>>>>>>>>>>>>>>>>

鲍疱疹病毒病

(Abalone herpesvirus disease)

鲍疱疹病毒病是由鲍疱疹病毒 1 型（Haliotid herpesvirus 1，HaHV-1）感染鲍引起的疾病。

1 病原学

HaHV-1 隶属于疱疹病毒目、软体动物疱疹病毒科、鲍疱疹病毒属。HaHV-1 具有典型的疱疹病毒形态特征，即病毒颗粒中心部分为电子密度较高的核酸核心，核酸外围为正二十面体的核衣壳。核衣壳外由荚膜层（tegument）和脂质双层囊膜包被，病毒颗粒直径约为 150nm，在 CsC1 中的浮密度为 1.17～1.18g/mL。HaHV-1 已被 WOAH 列为需通报的水生动物疾病。

与其他疱疹病毒类似，HaHV-1 在细胞核内完成 DNA 的复制和核衣壳组装，在细胞质和出细胞过程中完成荚膜和囊膜的包被。HaHV-1 基因组大小约 200kb，结构符合疱疹病毒 D 型基因组结构模式，即由两个单一序列（U_L 和 U_S）及其末端的反向重复序列（TR_L 和 IR_L，IR_S 和 TR_S）构成，可以描述为：TR_L-U_L-IR_L-IR_S-U_S-TR_S。

2 流行病学

HaHV-1 可以感染我国南方地区重要鲍养殖品种——杂色鲍（*Haliotis diversicolor*）、澳大利亚的绿边鲍（*H. laevigata*）、黑边鲍（*H. rubra*）及它们的杂交种（绿边鲍×黑边鲍）。

温度是影响 HaHV-1 感染强度、引起发病与否和危害程度的关键环境因子。鲍疱疹病毒病只发生在我国南方水温较低（21℃以下）的时期（11 月至次年 3 月），因此也被称为鲍低温病毒病。HaHV-1 主要通过直接接触传播和水体水平传播，引起易感鲍的急性病毒病。出现症状后 3～5d 即发生大规模死亡，死亡率 80％以上，多数案例达到 95％及以上。受该病影响，杂色鲍养殖规模大幅萎缩，在全国鲍产量中的占比由发病前的 65％骤降至不足 5％。

3 临床症状

病鲍可能表现出以下部分症状：活力下降，腹足表面变黑，触角收缩，鳃瓣色淡，肝胰腺部分萎缩，头部伸出，嘴张开、微外翻，死后仍然紧贴于鲍笼或池底，或部分腹足僵硬，附着不牢，腹足表面黏液层消失（正常鲍腹足表面有滑腻感），外套膜边缘脱落，部分向内萎缩。以上症状均不是 HaHV-1 感染的特异性临床症状。

4 病理变化

病鲍表现的主要组织病理变化为腹足神经节和中枢神经组织炎症和细胞浸润，因此该病又被称为鲍病毒性神经炎（Abalone viral ganglioneuritis, AVG）。部分严重感染的案例中，在外周神经组织、感染后期的外套膜、肝胰腺等器官的结缔组织也出现由病毒感染引起的组织坏死。利用透射电镜在感染的鲍血淋巴细胞中也观察到疱疹样病毒粒子。

5 诊断

5.1 初步诊断

检查鲍是否出现口腔肿胀、唇齿外翻、脱板、黏液分泌过量和外套膜萎缩。了解鲍养殖管理、水质环境、投喂和发病等情况。

5.2 样品采集

根据需要采集整只患病个体，放入冰盒中（4℃左右）保存，36h 内运回实验室做进一步处理。测量温度、盐度等关键环境因子参数。

5.3 实验室诊断

5.3.1 组织病理检测

对鲍腹足进行纵切，剪取位于腹足中央的中枢神经节及其周围组织，同时取肝胰腺、外套膜、口唇等组织。使用 Davidson's AFA 固定液固定 12～24h，如果 24h 后不能立即进行石蜡包埋，则将固定的组织块转入 75%乙醇长期保存。按石蜡切片制作的常规方法进行组织块的脱水、浸蜡、包埋、切片和 HE 染色。最后镜检观察中枢神经组织是否存在组织损伤、细胞浸润等病理变化；同时镜检观察其他组织器官有无组织病理变化，记录其主要特征。

结果判定：若观察到鲍神经组织出现病毒性神经炎病变，如神经纤维组织受损、细胞坏死；神经组织出现细胞浸润，浸润细胞表现细胞核肿大并伴随着染色质边集或核固缩等症状，则可以判定为疑似鲍疱疹病毒感染。

5.3.2 qPCR 检测

（1）样本采集与 DNA 提取。解剖剪取病鲍神经节及其周围组织 30mg 左右，用经典的酚三氯甲烷萃取法或者商业化 DNA 提取试剂盒提取 DNA。

（2）qPCR 扩增体系。qPCR 扩增在 25μL 的反应体系中进行，体系中包含 12.5μL 商品化实时定量用 PCR Mix 预混液（2×）、20μmol/L 引物各 0.5μL、10μmol/L 探针 0.5μL、2μL 模板和 9μL 灭菌双蒸水。

（3）HaHV-1 qPCR 检测引物。AbHV ORF66F1：5′-TCCCGGACACCAGTAAGAAC-3′。AbHV ORF66R1：5′-CAAGGCTGCTATGCGTATGA -3′。探针 AbHV ORF66Prb1：5′-6FAMTGGCCGTCGAGATGTCCATGTAMRA -3′。

（4）qPCR 反应条件。95℃ 预变性 59s，而后 95℃ 3s、60℃ 30s 循环 40 次。

（5）标准曲线的设置。标准曲线可采用含有 5×10^5 个鲍疱疹病毒基因拷贝及连续 4 个 10 倍梯度稀释的 DNA 或含扩增片段的质粒。

（6）扩增产物的检测。使用 qPCR 仪自带的专业软件查看各个样品的扩增曲线，并根据已知浓度的标准品绘制标准曲线来推算未知样品的量。

（7）结果判定。当标准品 PCR 扩增效率在 90%～110%，相关系数 $R^2>95\%$时，判定本批 qPCR 检测结果有效。如果样本同时在<40 个循环内有扩增信号，则判定为阳性。随后可以根据得到的 CT 值，计算测试样本感染的 HaHV-1 拷贝数。

5.4 鉴别诊断

组织病理检测不具备特异性，不能作为确诊的依据；但与 qPCR 等特异性的分子检测方法相结合，有助于对鲍疱疹病毒病进行确诊。HaHV-1 qPCR 检测方法具备对该病毒核酸水平进行特异性检测和定量的能力，与组织病理学方法相结合，可以作为鲍疱疹病毒病确诊的依据。

6 防控

6.1 预防

目前缺乏有效治疗鲍疱疹病毒病的药物，做好生产过程中的病害预防、生物安保防控，提升养殖管理水平是减少病害损失的关键。可通过引入检疫合格苗种，对水源、养殖设施、引进苗种和投喂饲料进行严格消毒，保持水质优良稳定和溶解氧充足，投喂优质饲料和免疫增强剂（多糖、多肽、多种维生素），发病季节避免大排大灌换水等措施降低感染率。

开放式海区环境下，很多预防措施难以实施，应本着“因地制宜、多管齐下”的策略，通过改善养殖管理、降低养殖密度、选用抗病品系等措施减少该疫病的危害。

6.2 治疗

确认感染后应当采取划定病毒污染区、限制贝类及相关物品的跨区流动等基本生物安保措施。HaHV-1 与牡蛎疱疹病毒 1 型都是具有脂质囊膜的病毒，在水产养殖环境中比较容易被杀灭。高温（50℃，5min）、化学消毒剂、臭氧和紫外线对此类病毒均有较好的杀灭效果。有效防控的关键是消杀工作要做到彻底、全面。对于不能浸泡消毒的器具，可以在天气晴好时，置于太阳下晾晒 24h 以上。

奥尔森派琴虫病

(Infection with *Perkinsus olseni*)

奥尔森派琴虫病是由奥尔森派琴虫感染海洋软体动物引起的疾病。

1 病原学

奥尔森派琴虫（*Perkinsus olseni*）是隶属于顶复门、派琴虫纲、派琴虫目、派琴虫科、派琴虫属的一种胞内寄生原虫。奥尔森派琴虫已被 WOAH 列为需通报的水生动物疾病。

奥尔森派琴虫生活史主要包括 3 个阶段，分别是休眠孢子（Hypnospore）、游动孢子（Zoospore）和滋养体（Trophozoite）。休眠孢子是滋养体为了适应外界不良的环境条件而产生的，这一过程中，滋养体细胞体积增大，细胞壁不断增厚。休眠孢子对氯、低 pH、低温均有很强的耐受力，可在不良环境中生存较长时间。当环境适宜时，休眠孢子开始复苏，进入游动孢子阶段，最明显的变化是细胞内开始出现新的子孢子，含有子孢子的派琴虫被称为游动孢子囊。游动孢子囊内孢子成熟后，通过释放管排出大量带鞭毛的游动孢子。游动孢子进入新宿主后继续发育形成滋养体。

2 流行病学

奥尔森派琴虫具有较强的环境适应能力，具有全球分布范围广（遍布亚太和欧洲多个沿海地区）、宿主品类多样性高（包括牡蛎、蛤类、蚶类、扇贝和鲍等）等特点。奥尔森派琴虫可通过渗出淋巴液从被感染的活体牡蛎中释放出来，也可随假粪排出，其传播无需中间寄主，滋养体、休眠孢子和游动孢子均能直接感染贝类。

我国沿海多种贝类被奥尔森派琴虫感染，流行病学调查结果显示，该寄生虫感染率由高至低分别为菲律宾蛤仔（64.0%）、毛蚶（10.8%）、缢蛏（10.0%）、杂色鲍（8.2%）、长牡蛎（7.9%）、皱肋文蛤（3.3%），其中菲律宾蛤仔感染率显著高于其他 5 种贝类。奥尔森派琴虫主要分布在我国黄渤海（21.4%）和东海水域（22.4%），南海水域感染率较低（9.6%）。

温度和盐度是影响奥尔森派琴虫感染率、感染强度和引起贝类发病与否的主要环境因素。传统观念认为水温 20℃以上为奥尔森派琴虫病流行高峰，水温超过22℃时易引起贝类宿主发病，水温低于10℃时感染强度开始降低。但越来越多的研究表明，温度阈值与感染强度、发病风险的关系受地区和宿主种类的影响。除了温度外，盐度、微生物群落等其他生物与非生物因子也会对奥尔森派琴虫的时空分布规律产生影响。

3 临床症状

病贝消瘦，外套膜萎缩；鲍腹足/滩涂贝斧足和外套膜上有坏死结节；鲍腹足肌肉内部形成干酪样乳黄色结节病灶（1～3mm）；病贝性腺发育不良，双壳闭合不全、闭壳肌无力。重度感染的菲律宾蛤仔的鳃和软体部出现白色小溃疡或穿孔性溃疡。患病会影响双壳贝滤食能力、鲍附着能力、滩涂贝的掘沙能力等。

4 病理变化

奥尔森派琴虫感染引起的组织病理变化主要发生在消化道、肝胰腺的结缔组织，鳃丝的血淋巴窦和鲍腹足中。在高强度感染案例中，外套膜和滩涂贝斧足中也能观察到派琴虫感染，并伴有不同程度的细胞浸润和组织损伤、坏死。浸润的血细胞与嗜酸性染色的物质共同围绕成团存在的派琴虫滋养体。中度、轻度感染的个体较少出现血细胞的浸润和明显的组织损伤。

5 诊断

5.1 初步诊断

检查病贝腹足贴壁力、双壳闭合力，外套膜、鳃等软体部位是否出现乳突状结节或溃疡。了解贝类养殖场或海区的养殖管理、水质环境和发病等情况。

5.2 样品采集

根据需要采集整只患病个体，放入冰盒中（4℃左右）保存，36h内运回实验室做进一步处理。测量温度、盐度等关键环境因子参数。

5.3 实验室诊断

5.3.1 组织病理检测

对鲍腹足进行多次纵切、横切，观察切面是否存在干乳酪样病灶，这些病灶是优先进行组织病理检测的部位，同时剪取消化道和消化腺丰富的内脏团、鳃和外套膜。使用 Davidson's AFA 固定液固定样本 12～24h，如果 24h 后不能立即进行石蜡包埋，则将固定的组织块转入 75％乙醇长期保存。按石蜡切片制作的常规方法进行组织块的脱水、浸蜡、包埋、切片和 HE 染色。最后镜检观察是否存在典型的派琴虫样滋养体及组织损伤、细胞浸润等病理变化，记录其主要特征。

结果判定。若观察到圆形、直径 4～30μm（多在 15μm 左右）、内部除嗜碱性染色的偏心细胞核以外，大部分空间被空泡样结构占据的派琴虫样滋养体，则可以判定为疑似奥尔森派琴虫感染。重度派琴虫感染会伴有不同程度血细胞渗出和组织损伤。

5.3.2 Ray's 巯基乙酸钠液体培养基（RFTM）培养检测

（1）RFTM 培养基配制。称取 14.875g FTM 和 12.5g 氯化钠溶解于 471mL 蒸馏水，煮沸至金黄色，高压灭菌；添加 4mL 氯霉素母液、100μL 制霉菌素母液和 25mL 青霉素-链霉素双抗溶液，混合均匀后置于 4℃黑暗环境保存（备注：抗生素可现用现加）。

制霉菌素母液配制。称取 0.23g 制霉菌素溶解于 5mL 无水乙醇，添加 5mL 超纯水，待完全溶解后使用 0.22μm 细菌滤器过滤，－20℃避光保存。

氯霉素母液配制。称取 0.25g 氯霉素溶解于 10mL DMSO，待完全溶解后使用 0.22μm 细菌滤器过滤，－20℃避光保存。

（2）解剖培养。取消化道和消化腺丰富的内脏团、鳃和外套膜等部位，浸入 15～30mL RFTM 培养基中，在约 23℃、避光的条件下培养 7d。

（3）染色。将培养后的组织平铺于载玻片上，使用镊子将组织碾碎，根据组织大小滴加 1～2 滴鲁格氏液，组织与染液混合后均匀地铺在载玻片上，加盖载玻片后镜检观察。

（4）结果判定。若在显微镜下观察到被鲁格氏液染成蓝黑色、直径 50～70μm 的球体，则判为疑似奥尔森派琴虫感染。

5.3.3 普通 PCR 与测序鉴定

（1）样本采集与 DNA 提取。解剖剪取鳃组织 30mg 左右，用经典的酚三氯甲烷萃取法或者商业化 DNA 提取试剂盒提取 DNA。

（2）PCR 扩增体系。PCR 扩增在 25μL 的反应体系中进行，体系中包含 12.5μL 商品化实时定量用 PCR Mix 预混液（2×）、20μmol/L 引物各 0.5μL、2μL 模板和 9.5μL 灭菌双蒸水。

（3）HaHV-1 PCR 检测引物。PerkITS-85：5′-CCGCTTTGTTTGG-ATCCC-3′。PerkITS-750：5′-ACATCAGGCCTTCTAATGATG-3′。

（4）PCR 反应条件。95℃预变性 10min，而后 94℃ 1min、55℃ 1min 和 72℃ 1min 循环 35 次，最后 72℃ 10min。

（5）扩增产物的检测。使用1.5%琼脂凝胶电泳和溴化乙锭染色检测约650bp的扩增产物。如果有条带则判定为疑似奥尔森派琴虫感染。阳性PCR产物使用PerkITS85/PerkITS750引物进行Sanger双末端测序。

（6）序列比对与鉴定。将获得的序列与公共数据库中的序列进行Blast比对，判定是否为奥尔森派琴虫或其他已知的派琴虫感染。

5.4 鉴别诊断

派琴虫属下目前已知有7种不同派琴虫，均可感染贝类并引发病害，我国已报道的派琴虫有3种。组织病理检测、RFTM培养检测和PCR检测不具备特异性，不能作为奥尔森派琴虫确诊的依据，必须对PCR产物测序并进行序列比对来确定派琴虫的种类。

6 防控

6.1 预防

奥尔森派琴虫病在多数环境中表现为一种慢性消耗性疾病，发病初期难以发现，容易造成病害的传播。因此应从源头上控制好，首先保证苗种质量，对进场种贝进行检疫，对苗种场的水源、养殖设施进行严格消毒。

6.2 治疗

发现奥尔森派琴虫病害后，应限制疫区与非疫区之间活体贝类的运输。对于岸基育种、养殖设施，可以使用含氯消毒剂或紫外线进行消杀。

牡蛎疱疹病毒病

(Infection with Ostreid herpesvirus 1)

牡蛎疱疹病毒病是由牡蛎疱疹病毒引起的牡蛎等贝类的疾病。

1 病原学

牡蛎疱疹病毒1型（Ostreid herpesvirus 1，OsHV-1），隶属于疱疹病毒目、软体动物疱疹病毒科、牡蛎疱疹病毒属。OsHV-1具有典型的疱疹病毒形态特征，即病毒颗粒中心部分为电子密度较高的核酸核心，以双链DNA为遗传物质，核酸外围为正二十面体的核衣壳，核衣壳直径约90nm。核衣壳外由荚膜层（tegument）和脂质双层囊膜包被，具囊膜的完整病毒颗粒直径约130nm。

OsHV-1在细胞核内完成DNA的复制和核衣壳组装，在细胞质和出细胞过程中完成荚膜和囊膜的包被。OsHV-1基因组大小约200kb，结构符合疱疹病毒E类基因组结构模式，即由两个单一序列（U_L和U_S）及其末端的反向重复序列（TR_L和IR_L，IR_S和TR_S），以及IR_L和IR_S之间的一个短插入序列（X）构成，可以描述为：TR_L-U_L-IR_L-X-IR_S-U_S-TR_S。对欧洲养殖的长牡蛎（*Crassostrea gigas*）、我国养殖的栉孔扇贝（*Chlamys farreri*）和魁蚶（*Scapharca broughtonii*）的多个OsHV-1样本基因组分析表明，不同宿主来源的OsHV-1基因组相似度约96.7%。

2 流行病学

1991年，OsHV-1感染病例首次报道于法国和新西兰，引起两国多家育苗场长牡蛎幼虫大量死亡，导致法国的牡蛎产量从1991年的12.9万t逐步减少至近年来的6.4万t。随后该病毒病引发的贝类死亡案例在欧洲、亚洲、北美洲、大洋洲和南美洲的17个国家相继出现。1997年，我国首次发现OsHV-1感染病例，该变异株（后被命名为扇贝急性病毒性坏死病毒（Acute viral necrosis virus，AVNV）引起我国北方海区养殖栉孔扇贝成贝大规模死亡，导致我国山东扇贝产量从1996年的60万t减至1998年的不足20万t，绝产率超过60%，产业急剧萎缩。2012年，OsHV-1新变异株（后被命名为OsHV-1魁蚶株，OsHV-1-SB）引起我国贝类育苗场和出口加工企业暂养魁蚶成贝大规模死亡。近年来，育苗场长牡蛎和毛蚶幼虫、滩涂养殖毛蚶成贝也频繁发生 OsHV-1 感染。

温度是影响 OsHV-1 感染与发病的关键环境因子。发病的温度阈值因宿主物种和环境而异，海区养殖的栉孔扇贝在水温＞23℃时、长牡蛎在水温＞16℃时、魁蚶在水温＞13℃时易发病。贝类各生长阶段均可感染，但导致死亡案例仅限稚贝和幼贝阶段，病毒主要通过水体进行水平传播。

3 临床症状

患病贝类幼虫表现为游动能力下降、摄食量减少和快速死亡，幼贝和成贝表现为双壳闭合不全、外套膜萎缩、反应迟钝、内脏团苍白和鳃丝糜烂等非典型症状。

4 病理变化

OsHV-1 侵染的主要器官有鳃、肝胰腺、外套膜，腹足和闭壳肌也有病毒阳性信号和组织损伤。OsHV-1 主要感染分布在结缔组织、肌纤维间隙的血淋巴细胞、成纤维细胞，肌细胞中偶尔也能观察到阳性信号。OsHV-1 引起的组织病变不一定伴有血细胞浸润。成纤维细胞和血淋巴细胞作为主要靶细胞，最显著的细胞病变为核肿大、核固缩（细胞凋亡的特征）和染色质边集；电子显微镜下可在这些病变细胞中观察到大量疱疹样病毒粒子。OsHV-1 感染的部分细胞内出现 Cowdry A 型包涵体（细胞核内出现嗜酸性包涵体，同时伴有染色质边集），该包涵体是许多疱疹病毒感染的典型特征。

5 诊断

5.1 初步诊断

OsHV-1 感染引起典型的急性病毒病，贝类多在出现病症后 4～7d 内发生大规模死亡。临床症状包括反应迟钝或双壳闭合不全等非特异性症状，可以作为 OsHV-1 感染疑似病例诊断的依据。流行病学调查中应详细了解养殖管理、水质环境和发病过程等情况。

5.2 样品采集

根据需要采集整只患病个体，放入冰盒中（4℃左右）保存，36h 内运回实验室做进一步处理。测量温度、盐度等关键环境因子参数。

5.3 实验室诊断

5.3.1 组织病理检测

取包括外套膜、消化腺、鳃和闭壳肌在内的内脏团组织，使用Davidson's AFA 固定液固定 12～24h，如果 24h 后不能立即进行石蜡包埋，则将固定的组织转入 75%乙醇长期保存。按石蜡切片制作的常规方法进行组织块的脱水、浸蜡、包埋、切片和 HE 染色。最后镜检观察是否存在组织损伤、细胞浸润等病理变化和上述细胞病变，记录其主要特征。

结果判定。若观察到成纤维细胞出现核变大和染色质边集，血细胞出现显著核固缩，部分感染病例伴有大量血细胞浸润、出现 Cowdry A 型包涵体，则可以判定为疑似牡蛎疱疹病毒感染。

5.3.2 qPCR 检测

（1）样本采集与 DNA 提取。解剖剪取病鳃、外套膜组织 30mg 左右，用经典的酚三氯甲烷萃取法或者商业化 DNA 提取试剂盒提取 DNA。

（2）qPCR 扩增体系。qPCR 扩增在 25μL 的反应体系中进行，体系中包含 12.5μL 商品化实时定量用 PCR Mix 预混液（2×）、20μmol/L 引物各 0.5μL、10μmol/L 探针 0.5μL、2μL 模板和 9μL 灭菌双蒸水。

（3）HaHV-1 qPCR 检测引物。OsHV1BF：5′-GTCGCATCTTTGGATT-TAACAA-3′。B4：5′-ACTGGGATCCGACTGACAAC-3′。探针 Bp：5′-TG-CCCCTGTCATCTTGAGGTATAGACAATC -3′。探针 5′端分别采用荧光染料 TxR 和 FAM 标记，3′端用相同的荧光淬灭基团（BHQI 或 BHQII）标记。

（4）qPCR 反应条件。95℃预变性 59s，而后 95℃ 3s、60℃ 30s 循环 40 次。

（5）标准曲线的设置。标准曲线可采用含有 5×10^5 个牡蛎疱疹病毒基因拷贝及连续 4 个 10 倍梯度稀释的 DNA 或含扩增片段的质粒。空白对照可采用不加样品但是包括其他主要混液的反应体系。

（6）扩增产物的检测。使用 qPCR 仪自带的专业软件查看各个样品的扩增曲线，并根据已知浓度的标准品绘制标准曲线来推算未知样品的量。

（7）结果判定。当标准品 PCR 扩增效率在 90%～110%，相关系数 $R^2>$ 95%时，判定本批 qPCR 检测结果有效。如果样本同时在<40 个循环内有扩增信号，则判定为阳性。随后可以根据得到的 CT 值，计算测试样本感染的 OsHV-1 拷贝数。

5.4 鉴别诊断

临床诊断和组织病理检测结果均不具备特异性，不能作为确诊的依据；但与 qPCR 等特异性的分子检测方法相结合，有助于对牡蛎疱疹病毒病进行确诊。OsHV-1 qPCR 检测方法具备对该病毒已知不同变异株核酸水平进行特异性检测和定量的能力，与组织病理学方法相结合，可以作为该病毒病确诊的依据。

6 防控

6.1 预防

目前尚无可以控制 OsHV-1 感染的特效药物。贝类缺乏特异性免疫系统，同时养成阶段多在开放式海区完成，这一特点极大地限制了疫苗和常规药物等病害防控手段的实施。目前主要采取限制疫区与非疫区之间活体贝类的运输、切断病毒传播途径、控制养殖密度、改进养殖方式和开展贝藻混养等综合生态防控措施。

6.2 治疗

确认感染后应当立即对患病群体进行隔离、扑杀和无害化处理，并对养殖设施、工具和场地进行彻底消毒。OsHV-1 作为具有脂质囊膜的病毒，在水产养殖环境中比较容易被杀灭。高温（50℃，5min）、化学消毒剂、臭氧和紫外线对该病毒均有较好的杀灭效果。彻底、全面的消杀是防控该病毒病的关键。对于不能浸泡消毒的器具，可以在天气晴好时，置于太阳下晾晒 24h 以上。

两栖与爬行类病（3种）

两栖类蛙虹彩病毒病

(Amphibian frog iridescence virus disease)

蛙虹彩病毒是近年来造成两栖动物严重传染性疾病的病毒。其传播速度快，不易控制，引起的死亡率高且难以防范。

1 病原学

病原为蛙病毒（*Ranavirus*），隶属虹彩病毒科、蛙病毒属。是一种大型二十面体病毒，具有线性双链 DNA 基因组。病毒粒子直径通常为 120～200nm。

2 流行病学

该病一年四季都可发生，遍布全球，存在多种传播途径。病原可感染各种规格的蛙、大鲵。

3 临床症状

患病蛙精神不振，行动迟缓，食欲减退，体表有出血点，幼蛙背部皮肤局部坏死脱落，随病情加重烂斑扩大；头背部皮肤失去光泽，出现白色花纹，表皮脱落、溃烂，并露出背肌；有的指及趾部充血、出血或溃烂。病重的蛙个体消瘦，解剖可见肠壁严重充血，肠内无食物，有的肝或胆囊肿大。

患病大鲵主要表现为吻端溃疡，皮肤出现白点、出血、溃疡，四肢肿胀且末端溃烂，内脏组织有出血点。幼鲵则全身肿胀、腹部和内脏组织有出血点。

4 病理变化

病蛙组织观察表明，胸腺和其他淋巴组织的淋巴细胞数量减少和坏死，肝坏死，脾脏的细胞质散布着包涵体，肾小管上皮变性。

患病大鲵可观察到皮肤、胃肠道、肝、肾、脾等几乎全身组织发生肿胀、变性、坏死、炎症细胞浸润等病变，部分病变细胞内有圆形或椭圆形嗜酸性包涵体。

5 诊断

5.1 初步诊断

根据患病蛙体表充血，表皮脱落，头背部有花纹；大鲵皮肤出血，四肢肿胀等临床症状可作初步诊断。

5.2 样品采集

将患病个体打包运送至实验室。采集患病个体的脾脏和肾脏组织，研磨匀浆后用于 PCR 鉴定。将患病个体的脾脏和肾脏等组织固定于 2.5%的戊二醛溶液中，用于后续电镜观察。

5.3 实验室诊断

电镜检测。采用超薄切片制样技术，取病蛙组织制备超薄切片样本，于透射电子显微镜下观察病毒粒子的形态特征。

免疫学检测。ELISA、Western blot 等均是依据抗原、抗体特异性结合的原理检测蛙虹彩病毒。

PCR 检测。目前针对蛙虹彩病毒已建立常规 PCR、qPCR、LAMP 和数字 PCR 等检测技术，操作快速、高效，适合基层实验室和养殖现场的快速检测。

5.4 鉴别诊断

嗜水气单胞菌、迟缓爱德华氏菌、维氏气单胞菌等引起的细菌性感染和蛙病毒感染两栖类的病理特征有明显相似性，并且有可能出现部分细菌与蛙病毒混合感染的情况，所以患病个体临床症状、病理解剖结果可以作为初步诊断蛙病毒感染的依据。

6 防治

6.1 预防

（1）引进无病原苗种，对水源、养殖设施、引进苗种和投喂饲料进行严格消毒，保持水质和养殖环境优良稳定。

（2）使用过硫酸氢钾复合物粉等强氧化剂调节水质。

（3）内服多糖类免疫增强剂＋复合多维制剂＋保肝护肝制剂可以对虹彩病

毒病起到一定的预防作用。

6.2 治疗

（1）投喂抗菌药物防止细菌继发性感染可降低该病死亡率。

（2）可使用人参、黄芪等具有广谱抗病毒作用的中草药。

鳖腮腺炎病

(Parotitis of Chinese soft-shelled turtles)

鳖腮腺炎病是鳖养殖过程中面临的主要危害性疾病，给鳖养殖业造成了巨大损失。其中病毒性鳖腮腺炎发病急、死亡率高，目前尚无有效治疗措施；细菌性腮腺炎治疗后病情易反复，难以彻底治愈，严重威胁着鳖的健康。

1 病原学

病毒性腮腺炎的病原为中华鳖出血综合征病毒（*Trionyx sinensis* hemorrhagic syndrome virus，TSHSV），隶属于动脉炎科，属未定。细菌性腮腺炎病原主要有隶属于芽孢杆菌科、芽孢杆菌属的蜡样芽孢杆菌（*Bacillus cereus*），以及隶属于气单胞菌科、气单胞菌属的维氏气单胞菌（*Aeromnas veronii*）和嗜水气单胞菌（*Aeromnas hydrophila*）。

2 流行病学

水温 20～30℃易发病。病毒性腮腺炎在水温 20～25℃时为流行高峰，细菌性腮腺炎在水温 20～30℃时为流行高峰。病原可感染中华鳖及其各品系，各年龄段鳖均能被感染。病毒性腮腺炎可通过被感染鳖进行水平传播和垂直传播，细菌性腮腺炎可通过带菌的病鳖和养殖环境进行水平传播。

3 临床症状

病毒性鳖腮腺炎病鳖脖子软弱无力，解剖后可见腮腺红肿，肝、脾、肾、肺、肠、性腺等组织有不同程度充血，心脏有失血现象，肝肿大、易碎、花斑、淤血严重。

细菌性鳖腮腺炎病鳖爬边，四肢边缘皮肤充血发红，脖子肿大弯曲、软弱无力、无法收缩，出现“摇头”症状。濒死鳖肝、脾、肾、肺、肠等内脏组织有不同程度充血发红。

4 病理变化

病鳖腮腺组织出血，组织间隙大量红细胞聚集；肝组织细胞肿大，细胞核固缩，大量炎性细胞浸润，肝血窦扩张，血细胞淤积；脾脏红细胞浸润，淋巴细胞弥散，淋巴小结坏死；肾脏细胞破裂，坏死，肾小球膨大，肾小管坏死崩解，肾小囊扩张充血。

5 诊断

5.1 初步诊断

根据病鳖腮腺红肿、组织器官充血等临床症状可进行初步诊断。

5.2 样品采集

取病鳖的血液，4℃静置可析出血清，血清可用于免疫诊断。脾脏、肾脏等组织器官用2.5%戊二醛固定，可用于电镜观察。脾脏、肾脏等组织低温运送至实验室，可对病原进行分离鉴定。

5.3 实验室诊断

病原分离。取病鳖内脏组织，在无菌环境下对病原进行分离。

分子诊断。病毒性腮腺炎可通过 TSHSV 特异性引物进行分子诊断，细菌性腮腺炎可通过 16S rRNA、*gyrB* 基因进行病原鉴定。

显微观察。病毒性腮腺炎可在透射电镜下观察到 50～100nm 的圆形病毒颗粒，细菌性腮腺炎可用光学显微镜在 1 000 倍视野下观察到大量杆状细菌。

免疫诊断。病毒性腮腺炎可用沉淀反应、ELISA 进行诊断，细菌性腮腺炎可用凝集反应进行诊断。

5.4 鉴别诊断

腮腺炎的鉴别主要是要区分病毒引起的腮腺炎与细菌引起的腮腺炎，根据流行病学、临床症状、疾病史可作出初步判断，最终鉴别需进行实验室诊断。

6 防治

6.1 预防

（1）放养前用含氯石灰彻底清塘消毒，杀灭环境中的病原体。

（2）加强对腮腺炎病原的检测，引入无特定病原苗种，对养殖环境、苗种进行严格消毒，控制养殖密度，保持水质优良稳定，减少疾病的发生。

（3）天气剧烈变化、冬眠前加强营养，连续10～15d拌饵投喂多维制剂、免疫增强剂，提高免疫力，预防疾病的发生。

6.2 治疗

（1）病毒性腮腺炎尚无有效的治疗药物。确诊病毒性腮腺炎的病鳖，应当立即对患病群体进行隔离，病死鳖无害化处理，并对养殖设施、工具和场地进行彻底消毒。保持水质清新，减少投喂，加强对水体的消毒。

（2）细菌性腮腺炎病鳖，根据药敏实验结果选用敏感抗菌药物进行拌饵投喂，连续治疗5～7d，同时对养殖水体进行消毒。

蛙脑膜炎败血症

(Frog meningitis septicemia)

蛙脑膜炎败血症是由脑膜炎败血伊丽莎白菌引起蛙、鳖等多种水生动物患病的一种传染病，病蛙以眼膜发白、运动和平衡机能失调为特征。

1 病原学

病原为脑膜炎败血伊丽莎白菌（*Elizabethkingia meningoseptica*），也称脑膜炎败血黄杆菌（*Flavobacterium meningosepticum*）或脑膜炎败血金黄杆菌（*Chryseobacterium meningosepticum*），隶属于黄杆菌纲、黄杆菌目、黄杆菌科、伊丽莎白菌属。脑膜炎败血伊丽莎白菌为革兰氏阴性、细长、末端略圆突状的杆菌，大小为（0.4～0.5）μm×（0.8～1.0）μm，单个分散排列，无鞭毛、无芽孢、无荚膜、不运动。氧化酶、触酶阳性。在血琼脂上生长良好，典型菌株略带黄色，不溶血。

2 流行病学

病原最早分离于美国青蛙脑膜炎。该菌可感染牛蛙、美国青蛙、虎纹蛙和中华鳖等各种养殖蛙类和鳖类，蛙是主要宿主，也可感染猫、犬、鼠和人。5—10 月为主要的发病季节。水温 20℃以上时易发病，室内恒温养殖情况下，发病季节不明显。可通过水体水平传播，也可通过饵料传播。该病发病急，传染性强，死亡率高，死亡率可达 90%以上。

3 临床症状

白内障、歪脖子和腹水是该病常见的典型症状。病蛙会出现精神不振、行动迟缓、运动机能失调、头部歪斜、身体失去平衡或浮于水面打转等现象，眼部因感染出现白色坏死（白内障）症状，同时伴有皮肤溃疡、肝坏死等症状。

4 病理变化

病蛙解剖后可见大量腹水，肝呈现青灰色或花斑色，胆囊肿大或缩小，胆汁呈淡绿色甚至无色，膀胱发红、充血，肾和肝肿大，双腿肌肉呈淡土黄绿色。蝌蚪发病后，四肢及腹部有明显出血点和血斑，部分蝌蚪腹部膨大，仰游于水中，最后死亡。

5 诊断

5.1 初步诊断

根据病蛙的临床症状、行为特征作出初步诊断。

5.2 样品采集

对濒死的病蛙进行解剖，选取病蛙内脏或脑部组织进行样品的采集，显微镜下可观察到大量细菌。

5.3 实验室诊断

实验室分离培养。取发病蛙肝、脑等组织，接种胰酪大豆胨琼脂培养基（TSA）或营养琼脂培养，菌落呈微黄或亮黄色。

生化鉴定。大部分菌株革兰氏阴性、氧化酶阳性，葡萄糖氧化型或弱发酵型（要 2～7d 产酸），无动力，无芽孢；发酵葡萄糖、果糖、麦芽糖、甘露醇产酸，不发酵木糖、乳糖、蔗糖，不还原硝酸盐，β半乳糖苷酸和 DNA 酶阳性。

PCR 诊断。参照脑膜炎败血伊丽莎白菌 16S rRNA 基因序列设计引物，对扩增产物进行序列分析。

5.4 鉴别诊断

根据流行病学、临床症状（典型症状歪脖子、白内障等）、疾病史可作初步判断，最终鉴别需进行实验室诊断。

6 防控

6.1 预防

严格执行检疫制度，加强饲养管理，投喂优质饲料，泼洒复合光合细菌等有益菌，保持环境优良、稳定，提高蛙体抵抗力。病原菌主要是通过养殖水体传播，所以应定期换水、消毒，以保持水质清新。不投喂腐败变质的饵料，及时扫清食台上残留的饵料。杜绝从疫区引种，加强对引进种苗的检疫。

6.2 治疗

在疾病流行季节，每日用含氯石灰溶液泼洒，连续 3d；或每隔 1d、每日 2 次使用三氯异氰脲酸粉溶液全池泼洒。

图书在版编目（CIP）数据

水生动物疫病释义/全国水产技术推广总站编．—
北京：中国农业出版社，2023.10
ISBN 978-7-109-31227-2

Ⅰ.①水…　Ⅱ.①全…　Ⅲ.①水产动物－动物疾病－
防治　Ⅳ.①S94

中国国家版本馆CIP数据核字（2023）第195720号

中国农业出版社出版
地址：北京市朝阳区麦子店街18号楼
邮编：100125
责任编辑：王金环　　文字编辑：李雪琪
版式设计：杨　婧　　责任校对：吴丽婷
印刷：北京中兴印刷有限公司
版次：2023年10月第1版
印次：2023年10月北京第1次印刷
发行：新华书店北京发行所
开本：700mm×1000mm　1/16
印张：9.75
字数：185千字
定价：58.00元
